以手藝店MERC×COTTON FRIEND訂製款LIBERTY布料

MEOW來製作吧！

獨家色！

約17cm×25cm

ミャオウ
MEOW

在以素描風格筆觸繪製的設計布品MEOW上，聚集了布偶貓、英國短毛貓、緬因貓、阿比西尼亞貓、孟加拉貓、緬甸貓等，各種特色鮮明的貓。有的在閒晃，有的在伸懶腰、有的在休息，帶有互動對話感般的設計充滿了魅力。以高人氣的淡紫色作為底色的布款，是手藝店MERCI的獨家色喔！

裡布使用了豹紋，非常可愛！

No.02

No.01

No. 02 ITEM｜貓耳波奇包
作　法｜P.08

釦絆式的迷你波奇包。簡單添加貓耳形狀，呈現出十分可愛的設計。適合收納零散小物。

表布＝Tana Lawn by LIBERTY FABRICS（MEOW・DC32576-J23A）／MERCI

No. 01 ITEM｜貓耳釦絆波奇包
作　法｜P.07

使用貓迷們愛不釋手的MEOW零碼布，製作巴掌大小的波奇包。附環釦，若裝上鏈條等配件，亦可掛在包包提把上。

表布＝Tana Lawn by LIBERTY FABRICS（MEOW・DC32576-J23A）／MERCI

No.01・02創作者

siromo
布小物作家。著作《余ったハギレでなに作る？（暫譯：要用剩下的零碼布作什麼？）》Boutique社出版，書中收錄了許多可愛的布小物。

No.03-05創作者

yasumin・山本靖美

於自營的YouTube頻道分享作法影片，且廣受歡迎。與影片搭配的已裁切材料包持續熱銷完售，回購率也相當高。

@yasuminsmini
https://yasumin.stores.jp

No.03 ITEM｜掀蓋包
作 法｜P.65

以淺色老虎圖案的LIBERTY布料滿版使用的掀蓋包。製作出形狀簡單，但側身帶有玩趣圓角的托特包。長提把約有58cm，是方便肩背的尺寸設計。

表布＝Tana Lawn by LIBERTY FABRICS（TIGERS TOURING・363J7304-A）／MERCI

滿滿的可愛動物！

LIBERTY FABRICS動物樂園

在LIBERTY布料中，以動物為主題圖案的選擇相當豐富。本次要介紹的，是與花卉圖案及佩斯利圖紋截然不同，洋溢著玩心的魅力印花。

攝影＝回里純子　造型＝西森萌　妝髮＝タニジュンコ　模特兒＝島野ソラ

磁釦掀蓋。能輕鬆開闔很不錯，對吧！

TIGERS TOURING

以被視為能帶來幸運的老虎為主角，設計著重於呈現溫柔又有保護能力的氛圍。以拼貼畫般組合的著色風布料，呈現出繪本般的氛圍。

在梯形的角落製作尖褶，摺疊起來就形成了具圓潤感的立體側身。

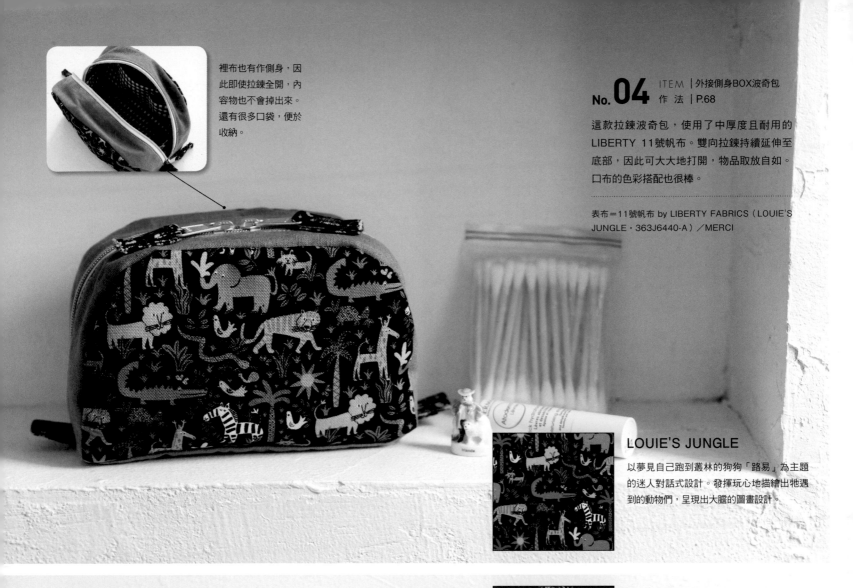

裡布也有作側身,因此即使拉鍊全開,內容物也不會掉出來。還有很多口袋,便於收納。

No.04

ITEM | 外接側身BOX波奇包
作法 | P.68

這款拉鍊波奇包,使用了中厚度且耐用的LIBERTY 11號帆布。雙向拉鍊持續延伸至底部,因此可大大地打開,物品取放自如。口布的色彩搭配也很棒。

表布=11號帆布 by LIBERTY FABRICS(LOUIE'S JUNGLE・363J6440-A)/MERCI

LOUIE'S JUNGLE

以夢見自己跑到叢林的狗狗「路易」為主題的迷人對話式設計。發揮玩心地描繪出牠遇到的動物們,呈現出大膽的圖畫設計。

FOREST DELIGHTS

以出現在許多民間故事及童話中的歐洲小鹿為主題進行設計。在古老森林的樹木及葉片之間,有芬芳的花朵和正在歌唱的青山雀,描繪出充滿魅力的森林內小小一景。

No.05

ITEM | 底部拼接束口包
作法 | P.66

以橡實的形狀為意象,圓潤弧度的形狀十分可愛。剪接的底部是以機器絎縫,進行寬度2cm的壓線。單柄提把設計,且是短暫外出時拎著就走的方便尺寸。

表布=Tana Lawn by LIBERTY FABRICS(FOREST DELIGHTS・363J7307-B)/MERCI

在四角形底布的四隅抓尖褶,形成像這樣的立體袋型。

No. 06

ITEM｜綿羊造型的貴賓犬波奇包
作 法｜P.70

參照了掀起話題的貴賓狗造型「綿羊剪法」，製作出
形狀獨特的可愛波奇包。由於附有珠鍊，所以何不裝
一點小東西，掛在包包上呢？

....

表布＝Tana Lawn by LIBERTY FABRICS（MAL'S PALS・
363J7306-D）／MERCI

背面是拉鍊式，方
便收納唇膏＆隨身
鏡。

MAL'S PALS

以吉娃娃、西班牙獵犬、博美、貴賓犬等小型犬
種為主，描繪可愛的狗狗好友們的設計。以洋溢
著玩心的墨水風色彩＆細緻的植物，賦予了設計
能量與動態感。

No.06創作者

本橋よしえ

布小物作家。在《ちりめんの小さな
飾りもの（暫譯：小巧縮緬飾品）》
及《手作誌》（皆為Boutique社出
版）等書籍中刊載了多款作品。

📷 @yoshiemontan

No. 07

ITEM｜有點像貓的波奇包
作 法｜P.67

若將寬版的波奇包釦絆固定得稍深一點，就會形成輪
廓稍微神似貓咪的波奇包。而且只需車縫直線，作法
非常簡單！因夾入鋪棉，包體帶有蓬鬆的質感。

....

表布＝Tana Lawn by LIBERTY FABRICS（MEOW・
DC32576-D）／MERCI

打開釦絆，就是簡單的長方形波奇包。

No.07創作者

komihinata・
杉野未央子

布小物作家。與疊緣製造
商FLAT聯名推出的獨家疊
緣「飛機」和「鈴蘭」大
獲好評。

📷 @komihinata

MEOW

※圖案布資訊參照P.3。

完成尺寸	材料
寬9.5×高8×側身3cm	表布（Tana Lawn）17cm×25cm
原寸紙型	裡布（牛津布）15cm×25cm
A面 或 **下載**	接著襯（中薄）20cm×25cm
※下載方式參照P.11。	塑膠四合釦 13cm 1組

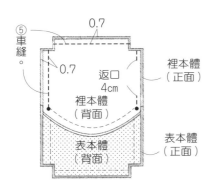

⑤車縫。
0.7
0.7
返口 4cm
裡本體（正面）
裡本體（背面）
表本體（背面）
表本體（正面）

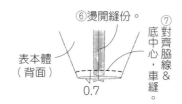

⑥燙開縫份。
⑦對齊脇線＆底中心，車縫。
表本體（背面）
0.7

※另一邊＆裡本體也以相同方式車縫。

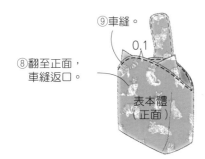

⑨車縫。
0.1
⑧翻至正面，車縫返口。
表本體（正面）

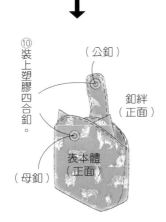

⑩裝上塑膠四合釦。
（公釦）
釦絆（正面）
（母釦）
表本體（正面）

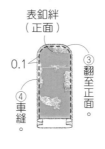

表釦絆（正面）
0.1
③翻至正面。
④車縫。

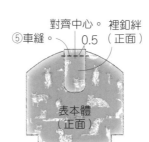

對齊中心。裡釦絆（正面）
⑤車縫。
0.5
表本體（正面）

3. 對齊表本體＆裡本體

②曲線處剪牙口。
0.7
①沿完成線車縫。
0.7
裡本體（背面）
0.7
表本體（正面）

※另一組也以相同方式縫製。

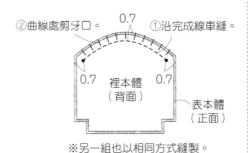

裡本體（正面）
裡本體（背面）
③表本體＆裡本體各自正面相疊。
0.7
表本體（正面）
表本體（背面）
④車縫。
0.7

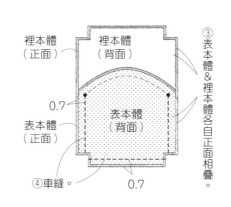

裁布圖

※ [▒▒▒] 處需於背面燙貼接著襯。

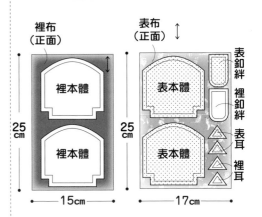

裡布（正面）
表布（正面）
裡本體
裡本體
25cm
15cm

表釦絆
裡釦絆
表耳
裡耳
表本體
表本體
25cm
17cm

1. 接縫貓耳

②裁剪角落。
①車縫。
0.5
裡耳（正面）
表耳（背面）

③翻至正面。
表耳（正面）

※另一片也以相同方式製作。

④車縫。
0.5
0.5
裡耳（正面）
表本體（正面）

2. 接縫釦絆

②曲線處剪牙口。
①車縫。
0.5
裡釦絆（正面）
表釦絆（背面）

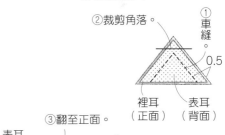

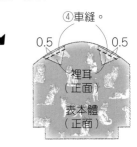

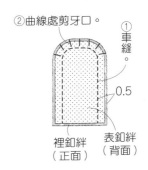

材料
表布（Tana Lawn）17cm×25cm
裡布（牛津布）15cm×25cm
接著襯（中薄）20cm×25cm
D型環 13mm 1個／塑膠四合釦 13mm 1組

P.03_ No.02
貓耳波奇包

原寸紙型
C面 或 **下載**
※下載方式參照P.11。

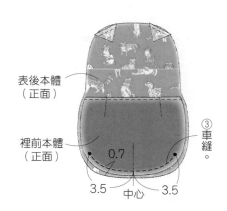

表後本體
（正面）

裡前本體
（正面）

③
車縫。

0.7

3.5　中心　3.5

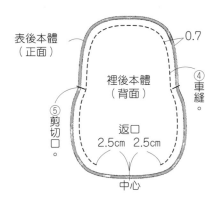

表後本體
（正面）

0.7

裡後本體
（背面）

④
車縫。

⑤
剪切口

返口
2.5cm　2.5cm

中心

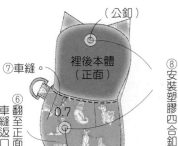

（公釦）

⑦車縫。

裡後本體
（正面）

⑥
翻
至
正
面
車
縫
返
口
。

0.7

⑧
安
裝
塑
膠
四
合
釦

表前本體
（正面）

（母釦）

3. 製作前本體

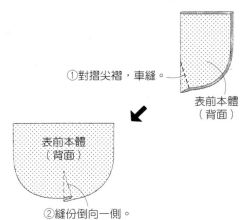

①對摺尖褶，車縫。

表前本體
（背面）

表前本體
（背面）

②縫份倒向一側。

※另一片也以相同方式車縫。

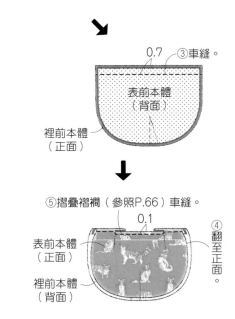

0.7　③車縫。

表前本體
（背面）

裡前本體
（正面）

⑤摺疊褶襉（參照P.66）車縫。

0.1

表前本體
（正面）

裡前本體
（背面）

④
翻
至
正
面
。

4. 製作本體

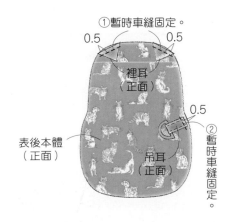

①暫時車縫固定。

0.5　　0.5

裡耳
（正面）

0.5

②
暫
時
車
縫
固
定
。

表後本體
（正面）

吊耳
（正面）

裁布圖

※耳絆無原寸紙型，請依照標示尺寸
（已含縫份）直接裁剪。
※▨▨ 處需於背面燙貼接著襯。

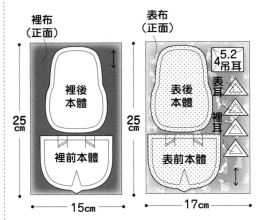

裡布
（正面）

25cm

裡後
本體

裡前本體

15cm

表布
（正面）

25cm

表後
本體

表前本體

17cm

5.2
4 吊耳

表耳
裡耳

1. 製作貓耳

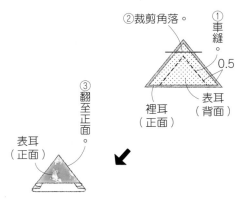

②裁剪角落。

①
車縫。

0.5

裡耳
（正面）

表耳
（背面）

③
翻
至
正
面
。

表耳
（正面）

※另一片也以相同方式製作。

2. 製作吊耳

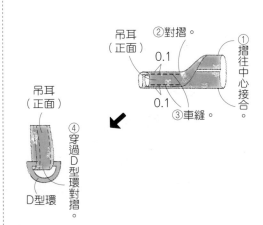

吊耳
（正面）

②對摺。

0.1

0.1

③車縫。

①
摺
往
中
心
接
合
。

吊耳
（正面）

D型環

④
穿
過
D
型
環
對
摺

Autumn Edition
2023 vol.62

CONTENTS

封面攝影　回里純子
藝術指導　みうらしゅう子

秋日的漫漫長夜，一針一線來手作

作品 INDEX

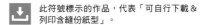

No.47
P. 39 雙袋波奇包
作法｜P.111

No.46
P. 39 換洗衣物波奇包 S・M・L
作法｜P.89

No.44
P. 37 水桶托特包 S・M・L
作法｜P.109

No.41
P. 33 立體化妝波奇包 S・M
作法｜P.103

No.22
P. 19 迷你針插
作法｜P.87

No.21
P. 19 愛心珠針收納片
作法｜P.83

No.20
P. 19 法式針線布盒
作法｜P.84

No.19
P. 17 無尾熊造型的行李箱掛飾
作法｜P.81

ZAKKA&ETC...

No.17
P. 17 花朵胸針
作法｜P.79

No.50
P. 49 南瓜型收納盒
作法｜P.101

No.48
P. 46 刺子繡～米刺
作法｜P.46

No.33
P. 23 Biscornu 針插
作法｜P.95

No.28
P. 22 疊疊緣壁掛收納袋
作法｜P.92

No.26・27
P. 21 強力夾收納籃＆刺蝟針插
作法｜P.90

No.24
P. 20 桌邊集屑袋
作法｜P.89

WEAR

No.53
P. 56 開襟衫
作法｜P.112

No.52
P. 51 玫瑰餐巾環
作法｜P.52

No.51
P. 50 達拉木馬迷你抱枕
作法｜P.87

No.49
P. 48 兔子賞月花圈
作法｜P.64

直接列印含縫份紙型吧！

本期刊登的部分作品，
可以免費自行列印含縫份的紙型。

☑・不需攤開大張紙型複寫。

☑・因為已含縫份，列印後只需沿線剪下，紙型就完成了！

☑・提供免費使用。

※ 含縫份紙型雖無下載期限，但亦可能發生未事前公告即終止服務的情況。

進入
"COTTON FRIEND PATTERN SHOP"

https://cfpshop.stores.jp/

人氣大好評！零碼布活用術
零碼布的秋季盛典

手作之秋來了！將家中的零碼布蒐集起來，享受製作樂趣吧！

攝影＝回里純子　造型＝西森 萌　妝髮＝タニ ジュンコ　模特兒＝島野ソラ

斜背時能空出雙手，
易於活動的便利隨行包。

NATURAL LIFE
COMFORT.COOL. RESISTANT & SMOOTH
SILKY HAND FEELS. AND MOST OF ALL,
IT HIGH LIGHTS YOUR STYLE.
/ HIGH QUALITY

No. **08**

ITEM｜斜背隨行包
作　法｜P.71

以方形零碼布拼接而成的斜背小包。若背帶
也以零碼布製作，從小布片到長布條都能一
點不剩地全部善加利用。最後縫上喜歡的布
標，添加時尚點綴吧！

No.08~10
創作者
─────
siromo
@siromo_fabric

No.09 ITEM｜袖珍面紙波奇包
作 法｜P.72

將袖珍面紙套&波奇包合一的袖珍面紙波奇包。縱橫交錯的口袋可放入袖珍面紙包，拉鍊口袋則用來收納唇膏等小物，非常方便。

No.10 ITEM｜雙拉鍊波奇包
作 法｜P.73

有兩個拉鍊口袋，內部還有兩個夾層，分類零散小物特別好用的波奇包。也適合收納存摺、口罩、用藥手冊與筆。

打開之後，除了拉鍊口袋之外還有一個內袋，因此可活用於便條、筆記本及收據等物品的分類。

No.11~13
創作者
────
小春

於2021年創立YouTube頻道「小春的手作學院」，累積人氣好評，約2年內即突破12萬訂閱數。簡單又讓人目瞪口呆的作法深獲得好評，每日都有更新喔！

YouTuber頻道 「小春的手作學院」

No.11 ITEM｜零錢分離小錢包
作 法｜P.74

目前正備受矚目的零錢分離式錢包。是將鈔票與零錢一起放入，會自動進行分類的優秀好物！在此使用壓釦式作法，特別推薦給不擅於安裝拉鍊的人。

表布＝斜紋布（不可思議生命體・sunred）裡布＝牛津布（菱形點點・米色）／nunocoto fabric

3

這就是零錢會掉入前側梯形掀蓋的口袋內，鈔票則直接被分類在後側口袋之中的巧妙設計。

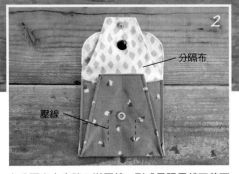

2

分隔布

壓線

在分隔布上車縫2道壓線，形成只限零錢可落下的結構。

1

打開弧角的上層掀蓋，將鈔票與零錢一起放入。

靈感來自信紙組的信封型筆袋。成品為
平面式，打開之後又能夠立體擴展的獨
特型態是其特色。

右：表布＝牛津布（圓滾滾橡實・粉紅）
裡布＝牛津布（斜線・白×黑）
左：表布＝牛津布（圓滾滾橡實・黃）
裡布＝牛津布（灰×黃）／nunocoto fabric

No. **13** ITEM｜蓬蓬感波奇包
作 法｜P.76

從中央將正方形的本體布摺出褶襇，製作
成形狀蓬鬆圓潤的迷你波奇包。因附有問
號鉤，掛在大包的提把上也會成為可愛的
焦點。

右：表布＝Viyella（秋麗・孔雀綠）
配布＝Viyella（line check（米色×深藍）
左：表布＝Viyella（純真花朵・橘色）
配布＝Viyella（line check・亮灰×紅色）
裡布共通＝Viyella（Silver gray）
／nunocoto fabric

No.14~16
創作者

komihinata・
杉野未央子

@komihinata

No.14 ITEM｜附手腕帶圓形波奇包
作 法｜P.75

直徑11cm圓形的圓滾滾可愛提繩波奇包。
皮革提繩可自由拆裝,因此拆掉直接放入
包包也沒問題!

No.16

ITEM｜手機斜背包
作 法｜P.78

能以飾品感穿戴的人氣手機肩背袋。袋口有拉鍊,
放入貴重物品、交通卡或鑰匙等物品也不會掉出
來,可放心使用。

No.15

ITEM｜小小波士頓包
作 法｜P.80

10cm×6cm迷你尺寸的小小波士頓包。雖然只能裝入
唇膏、藥品等小東西,但加裝拉鍊、鉚釘的作工也
同樣精良。

No.17~19
創作者

福田とし子
@beads×2

No.17 ITEM｜花朵胸針
作法｜P.79

將羊毛零碼布重疊製作成花朵胸針。無論多小的零碼布都能使用，是最讓人欣喜的重點！布邊綻線的狀況亦成為設計之一，呈現相當時尚的成果。

No.19
ITEM｜無尾熊造型的行李箱掛飾
作法｜P.81

旅遊時，作為識別物綁在行李箱或行李上的行李掛飾。無尾熊環抱的手臂部分使用插釦，因此可輕鬆取下。

No.18
ITEM｜兔子波奇包
作法｜P.82

絨毛布或人字紋布料等，由各種羊毛零碼布組合而成的兔子波奇包。開闔時，綁在拉片上的尾巴會上下移動，特別可愛逗趣。

你也有鍾愛的針線盒或裁縫用具嗎？將愛用品一個一個蒐集齊全，手作時間應該也會變得更加豐富。本次，一起來看看3位作家手工特製的針線盒＆愛用的裁縫工具吧！

我的針線盒

攝影＝回里純子　造型＝西森 萌

Jeu de Fils 的針線盒

Jeu de Fils・高橋亜紀
刺繡家。經營「Jeu de Fils」工作室。居住在法國期間正式學習刺繡，於當地的刺繡圈出道。目前除了在工作室與文化中心舉辦講座，也著手設計原創印花布料。
@ @jeudefils

No. 20
ITEM｜法式針線布盒
作 法｜P.84（圖文步驟解說）

以高橋小姐監製的印花布製作的法式布盒，是方便收納刺繡工具及線材等物品的尺寸。一體成型的掀蓋，是法式布盒初學者也容易製作的設計。且以輪廓繡繡上pour moi（為了我）。

表布＝平織布～ une idée de Jeu de Fils（16-0168・E）
配布＝平織布～ une idée de Jeu de Fils（16-0166・A）
／textile pantry（JM planning株式會社）

No. 22

No. 22
ITEM｜迷你針插
作 法｜P.87

可輕鬆放入**No.20**針線盒中的6.5×2.5cm針插。這樣的小巧程度，作為縫針暫放處，尺寸剛剛好。以十字繡兔子＆愛心作為點綴。

配布＝平織布～ une idée de Jeu de Fils（16-0168・E）／textile pantry（JM planning株式會社）

No. 21
ITEM｜愛心珠針收納片
作 法｜P.83

內裡夾入薄毛氈布的心形珠針收納片。可將珠針沿著周邊插入一圈，進行保管。在兔子刺繡旁加上了pour toi（為你）。

表布B＝平織布～ une idée de Jeu de Fils（16-0168・E）／textile pantry（JM planning株式會社）

No. 21

Jeu de Fils・高橋亜紀的 愛用品

une idée de Jeu de Fils

高橋小姐監製的印花布全部共四種圖案。材質是易於刺繡、製作法式布盒、小物作品的柔韌平織布。
㊟textile pantry（JM planning株式會社）

VANCO鐵筆

描繪刺繡圖案時，使用的是VANCO品牌的鐵筆。針是經職人一根根研磨、冶煉，精心製作而成，因此能專注於繪製，可描出相當細緻的線條。

㊟緞帶・鐵筆皆為／Jeu de Fils

纏繞緞帶的繡框

利用印有Jeu de Fils標誌的棉質緞帶，纏繞在繡框上。這樣一來布料就不易滑動。

磨針器（左）與切線器（右）

當穿刺料開始變得不順時，只要將針通過數回，就能回復銳利度的磨針器。切線器是出差時也會隨身攜帶的必備品。

磨針器（左）
商品No.：57-538
㊟Clover株式會社

切線器「墜飾」（右）
商品No.：57-534
㊟Clover株式會社

加藤容子的縫紉機周邊用品

加藤容子
縫紉作家。著作有《使い勝手のいい、エプロンと小物（暫譯：方便好用的圍裙＆小物）》、《今日作って明日着る服（暫譯：今天作明天穿的服飾）》皆為Boutique社出版。

@yokokatope

No.24 ITEM｜桌邊集屑袋
作法｜P.89

將懸掛布壓在縫紉機下方固定，可放置車縫時產生的線頭等碎屑的小小垃圾桶。與No.23的縫紉機防塵罩同樣使用11號帆布製作，以達成統一感。

No.23 ITEM｜縫紉機防塵罩
作法｜P.88

若縫紉桌周邊的小物皆以相同布料進行規劃，居家擺設也能呈現統一感，形成很棒的空間。這款防塵罩提供了能夠配合你手邊縫紉機尺寸製作的作法，請務必挑戰看看。

表布＝仿舊加工 煙燻色11號帆布（摩卡）
※No.24表布亦同。
配布＝Tana Lawn～訂製款LIBERTY FABRICS（Moon Moth 薰衣草）
※No.24表布亦同。
布標＝awesome合成皮標（1220-1・布標／多色組合）
／MY mama

No. 25
ITEM｜支架口金縫紉波奇包
作法｜P.69

裁布剪刀、尺、粉筆，還有其他各種用品，可將佔位子的工具類一口氣聚集起來的大尺寸拉練波奇包。由於是拉練邊緣裝有支架口金的構造，因此特色就在於打開時，袋口會大大地敞開，方便內容物的取放。

表布＝仿舊加工 煙燻色11號帆布（摩卡）
配布＝Tana Lawn～訂製款LIBERTY FABRICS（Moon Moth 薰衣草）
布標＝awesome 合成皮標（1220-1・布標／多色組合）
口金＝支架口金（大）約18cm 2支1組
拉錬尾釦＝金屬尾夾8入組（1366-3・古典金）／MY mama

No. 27

No. 26

No. 27
ITEM｜刺蝟針插
作法｜P.90

內裡塞有羊毛的刺蝟造型針插。「請插上滿滿的針進行拍攝！」加藤小姐這樣建議！但是，最後還是不忍心在這麼可愛的刺蝟身上插太多針……。

配布A＝Tana Lawn～訂製款LIBERTY FABRICS（Moon Moth 薰衣草）／MY mama

No. 26
ITEM｜強力夾收納籃
作法｜P.90

以剩餘零碼布製作就OK的手掌尺寸提籃。雖然加藤小姐用來收納縫紉用強力夾，但放置鈕釦、織帶、鉚釘等小配件類也很理想。

表布＝仿舊加工 煙燻色11號帆布（摩卡）裡布＝Tana Lawn～訂製款LIBERTY FABRICS（Moon Moth 薰衣草）／MY mama

---

Jeu de Fils・高橋亜紀的愛用品

梭子保管器

能將車縫線與梭子依照顏色成套收納的便利連結零件。
「有那個顏色的梭子嗎？」告別像這樣無頭緒地尋找的困擾吧！

商品No.：08-383
㈱株式會社KAWAGUCHI

能畫出細線的消失筆

由於是自動筆式的消失筆，因此能持久地畫出清晰的細線。可依據布料將筆芯替換成易於辨識的色彩，也是讓人開心的特色。

布用自動筆＆筆芯組0.9mm
商品No.：FAB50041 粉紅色
㈱株式會社Westek

銳利裁布剪刀

輕巧、不易生鏽的這款不鏽鋼剪刀是我的愛用工具。雖然也能送回原廠磨刀，但到目前為止的銳利度依舊，完全沒有必要。

裁縫用剪刀（210mm）
商品No.：FAB50053
㈱株式會社Westek

強力夾

當要暫時固定厚布、拉錬或滾邊帶等，因重疊布料而增厚的部分時，必不可少！也很推薦用於以高速車縫的拷克機縫紉時。

強力夾
商品No.22-736
㈱Clover株式會社

No. 29

No. 30

No. 28

くぼでらようこ的針線盒

くぼでらようこ

布物作家。著作有《「フレンチ
ジェネラルの布で作る美しい
バッグやポーチetc.（暫
譯：用French General布料
製作美麗的布包和波奇包
etc.）》Boutique社出版。
刊登於本誌的作品也有舉辦
工作坊。

Ⓞ @dekobokoubou

No.30 ITEM｜疊緣剪刀收納袋
作 法｜P.93

以5片疊緣拼接製作而成的剪刀收納
袋。是在上課或舉辦工作坊時，為了
能隨身攜帶剪刀，一直在尋找耐用收
納袋的くぼでら小姐理想中的款式。

疊緣A＝蘇格蘭格紋by くぼでらようこ（草莓
紅）疊緣B＝Leaf by くぼでらようこ（牛奶
白）／FLAT（田織物株式會社）

No.29 ITEM｜疊緣量尺收納袋
作 法｜P.97

是能將不知不覺中已經有好幾支的量
尺收在一起的收納袋。以4片疊緣拼
接組合而成。連30cm長的尺也能夠
容納。

疊緣＝Leaf by くぼでらようこ（牛奶白）／
FLAT（田織物株式會社）
滾邊斜布條＝滾邊條15（CP2-512）／
Captain株式會社
壓釦＝迷你彩色壓釦（#393950）／Prym
Consumer Asia

No.28 ITEM｜疊緣壁掛收納袋
作 法｜P.92

用くぼでら小姐設計的蘇格蘭格紋疊
緣，製作壁掛收納袋。由於是具有挺度
的材質，因此可製作出硬挺的成品。以
雞眼釦作為點綴。

疊緣A＝蘇格蘭格紋 by くぼでらようこ（草莓
紅） 疊緣B＝RAN（No.119・銀灰）／FLAT
（田織物株式會社） 雞眼釦＝eyelet 11mm
（#541381）／Prym Consumer Asia

展開後，兩側有口袋，裝入卡片等物品也很方便。

No. 31

ITEM ｜ 疊緣口金筆記本套
作法 ｜ P.107

在今年日本HOBBY SHOW工作坊中大受歡迎，使用疊緣製作的口金筆記本收納包。尺寸可放入文庫本的筆記本，放置裁縫用記事本相當合適。

疊緣＝Leaf by くぼでらようこ（深紅色）／
FLAT（田織物株式會社）

No. 33

No. 33

ITEM ｜ Biscornu針插
作法 ｜ P.95

Biscornu在法文中是「歪曲」的意思。以此形狀為特色的針插，是由兩塊布料縫合製成。並在四個角落接縫繡線製的超小流蘇，作為點綴。

表布A＝平織布 by French General（13920-12）
表布B＝平織布by French General（13928-14）
／CF市集

No. 32

ITEM ｜ 盒型口金包
作法 ｜ P.91

變化自くぼでら小姐著作《フレンチジェネラルの布で作る美しいバッグやポーチetc.》（Boutique社出版，暫譯：用French General布料製作美麗的布包和波奇包etc.）中刊登的人氣作品。重點是剪下同部位的花朵圖案，塞入棉花後，在盒蓋上進行貼布繡作為縫針暫放的小針插。

表布＝平織布 by French General（13921-16）
配布＝平織布by French General（13928-14）
裡布＝平織布by French General（13928-15）
／CF市集

No. 32

くぼでらようこ的愛用品

Vario Criative Tool

德國老牌裁縫、手藝用品商Prym的新產品Vario Criative Tool。鉚釘、雞眼釦及鉤類，從打洞到安裝可一台搞定。由於是依據人體工學設計，因此魅力在於安裝起來輕鬆不費力。

▶Vario Criative Tool
商品No.：390903
▶加購安裝零件
商品No.：673127（雞眼釦用）
　　　　 673128（鉚釘用）

Ⓟ Prym Consumer Asia

No.29 疊緣量尺收納袋裡，收納的是くぼでら小姐在製作作品時不可缺少的尺規們。依照情況選擇適合的類型使用，能製作出更加美麗的作品。

方格尺（20cm）	方格尺（30cm）	卡片型定規尺	迷你量尺（15cm）	熨斗定規尺（長）
商品No.：25-054	商品No.：25-053	商品No.：25-042	商品No.：25-041	商品No.：25-059

Ⓒ 尺規皆為Clover株式會社

製作精良的布包&
小物LESSON帖

No. 34 ITEM|化妝箱型提包
作法|P.94

配合找到的成熟雅緻花布，製作了形狀端
正的化妝箱型提包，非常適合收納縫紉用
品、化妝品或飾品。即使只是擺放著，也
能融入室內佈置當中。

表布＝亞麻帆布（Vintage Ribbons）／COLONIAL
CHECK
裡布＝棉厚織79號（#3300-11 米色）／富士金梅®
（川島商事株式會社）

布包講師·冨山朋子好評連載。將為你介紹活用私藏布料，
製作講求精細作工及實用性的布包&小物

攝影＝回里純子　造型＝西森 萌　妝髮＝タニ ジュンコ　模特兒＝島野ソラ

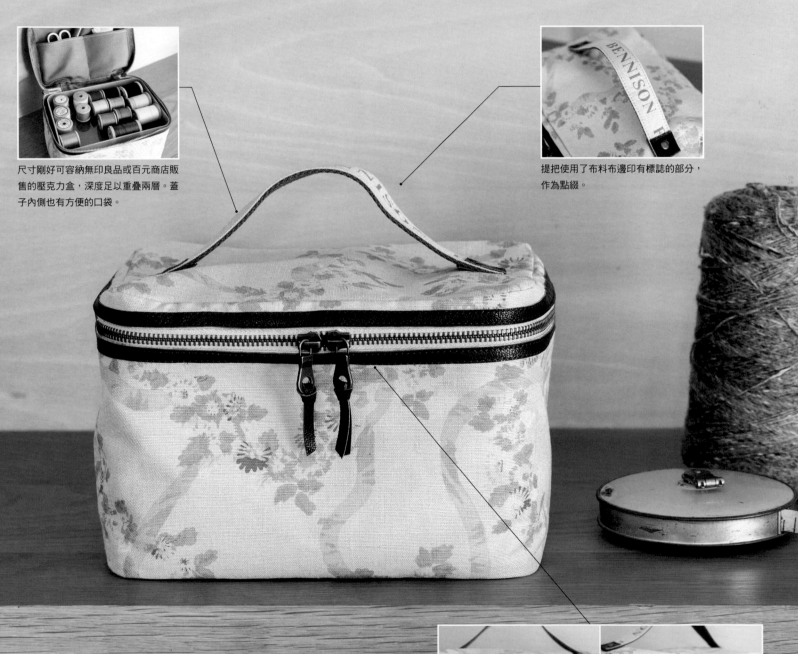

尺寸剛好可容納無印良品或百元商店販
售的壓克力盒，深度足以重疊兩層。蓋
子內側也有方便的口袋。

提把使用了布料布邊印有標誌的部分，
作為點綴。

布包作家·講師　冨山朋子

@popozakka

文化服裝學院 生涯學習BUNKA 推廣部布包講座講師。近
期著作有《バッグ講師が教える とっておきの布で作る仕
立てのよいバッグとポーチ（暫譯：布包講師教你 用壓箱
布料製作精良車工的布包與波奇包）》Boutique社出版。

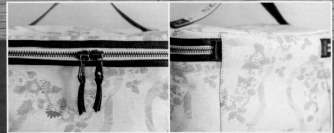

從提包後側起，接縫一整圈60cm的雙向拉鍊，並在拉鍊上下緣還配置了兼具
補強作用的皮布。

24

教你學會縫製別出心裁的波奇包！
完全掌握拉鍊計算＆接縫方式！

\本書豐富收錄/

直線設計
29款

圓弧曲線
26款

附屬配件
12件

紙型貼心附錄製圖用方格紙
+
搭配組合作品原寸紙型17款

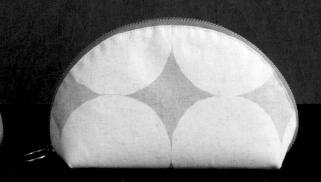

自己畫紙型！
拉鍊包設計打版圖解全書
越膳夕香◎著
平裝96頁／19cm×26cm／彩色＋單色
定價480元

日本人氣口金包手作研究家——越膳夕香，自推出《自己畫紙型！口金包設計打版圖解全書》大受好評後，再度出版姐妹作《自己畫紙型！拉鍊包設計打版圖解全書》。需要縫製拉鍊的作品，一直都是初學者感到困擾的款式，本書作者特別將拉鍊包分類，整理成實用的紙型打版教科書，讓您能夠簡單的運用，作出符合需要版型的各式拉鍊包！自基礎的拉鍊介紹、認識拉鍊、挑選拉鍊開始，配合拉鍊製作紙型，依照想要位置、款式、設計，可運用本書的製版教學，自行設計紙型，製作出想要的拉鍊包，即使是初學者製作也沒問題！本書附錄紙型貼心加上了製圖用的方格紙，讓想要自學繪製基本版型設計的初學者也能快速上手，縫合拉鍊並難事，跟著越膳夕香老師的講解及詳細教學，自由自在地運用本書技法作出各式各樣的拉鍊包，享受手作人的設計樂趣吧！

將秋日配色的格紋亞麻布添加皮革，製作出不過分休閒的好品味布包。由於側身寬達10cm，立放時的穩定性相當足夠，裝入物品時也能精巧地收納。

表布＝亞麻布（Naturals L443 Plaid Ash／LIBECO）／COLONIAL CHECK
裡布＝棉厚織79號（#3300-8 砂礫米色）／富士金梅®（川島商事株式會社）
肩帶＝寬30mm人字織帶（BT-302・#4米色） 提把＝寬20mm人字織帶（bt-302・#4米色） D型環＝D型環五金（ak6-37・#AG古典金） 問號鉤＝鏤空問號鉤（ak19-30・#AG古典金）／INAZUMA（植村株式會社）

No.35創作者
冨山朋子的（ 🅾 @popozakka）
重點建議

□ 皮布建議使用家用縫紉機也能輕鬆車縫的0.8至2mm厚。
□ 裁切皮布時，不使用剪刀改用刀片，切口更筆直又美觀。

與秋日外出包的 初亮相！

要不要來作適合短暫外出，
及外宿1至2日程度的秋日外出包呢？

攝影＝回里純子 造型＝西森 萌
妝髮＝タニ ジュンコ 模特兒＝島野ソラ

肩帶也方便使用
使用背包用棉織帶自製的肩帶，加上日型環＆問號鉤，即可安裝於包包兩側的D型環。

有內口袋
布包兩側皆有內口袋，便於收納零散小物。

重點使用皮布
提把、包口、包底都搭配了皮革。除了具有補強作用，同時也是設計的亮點。

最適合旅行和出遊季節的大型背包。包口作成束口樣式，可防止內部物品被看見。使用輕巧耐用，棉質外觀的尼龍材質CEBONNER，製作成內容物就算很多時也依然輕盈的布包。

表布＝CEBONNER（CB8783-8・米色）
配布A＝CEBONNER（CB8783-25・紅色）
配布 B ＝CEBONNER（CB8783-12・卡其色）／富士金梅®（川島商事株式會社）

2種長短提把特別方便
有長64cm和28cm的2條提把，可手提亦可肩揹，非常實用。

豐富的內口袋
裡布整面配置口袋。可客製化處理，依內容物改變壓線位置，讓口袋變得更好用的這點很不錯吧！

No.37創作者
Kurai Miyoha的（ 📷 @kurai_muki）
重點建議

☐ 雖然尼龍可用剪刀裁剪，但使用輪刀切口就會很美觀。

☐ 本次的後背包幾乎不熨燙，皆用手壓出褶痕。難以壓出褶痕的部分，以寬5mm的雙面膠黏貼，即可輕鬆車縫（車縫在雙面膠上，車針就會變得黏膩，請特別注意避開）。

☐ 配合有光澤感的雅緻尼龍布，比起一般的spun線（短纖），更建議以filament線（長纖）MIRO60來縫製，可製作出市售品般具光澤感的效果。

調節長度的重點是梯字釦
織帶及梯字釦要選擇相同寬度的尺寸。塑膠梯字釦只要將紅圈圈起的部分向上提，即可調節穿入的繩帶長度。

使用帶有挺度的尼龍素材。由於是較小的尺寸，因此除了短程外出，也很推薦使用於一日旅遊。背面採輕巧不易起皺的布包專用壓縮PU自黏襯，因此後背時的觸感柔軟，且能漂亮地維持包型。

表布＝雅緻尼龍布（HMF-01·OR）
拉鍊＝金屬拉鍊60㎝ 雙向式（5CMS-60SH·058 金色）·20㎝ 鍊止（5CMS-20BL／058 金色）
織帶＝尼龍帶 寬25㎜（TPN25-L·460 BK）／清原株式會社
接合襯＝壓縮PU 1.5㎜ 自黏接著襯／淺草you love

容易開啟的雙向拉鍊
接合於本體的60㎝雙向拉鍊，能使整個背包大大地敞開，方便開關也是其優點。

第一次自己製作後背包就上手！
後背包製作祕技最強教學工具書，就是這一本！

「該怎麼選擇後背包的布料？」

「完全剖析口袋種類&車縫方式！」

「如何設計後背包的開口？」

「想要學會肩帶的作法！」

以上是初學後背包製作的新手們，最想知道的四大難題，

日本手作包設計名師——水野佳子

特別為了「後背包製作」整理重點，

在這本工具書裡，你通通都可以找到解答！

後背包手作研究所

全圖解最實用！肩帶、插扣、拉鍊、口袋製作教學超解析

水野佳子◎著

平裝88頁／21cm×26cm／全彩／定價480元

秋季外出包＆波奇包

秋天是享受旅行＆遊玩的季節。試著使用洗鍊設計的進口布料，
製作鎌倉SWANY的秋色布包吧！

攝影＝回里純子　造型＝西森 萌　妝髮＝タニ ジュンコ　模特兒＝島野ソラ

到完成為止！

有清楚易懂的影片示範

a

b

作法影片看這裡！

https://youtu.be/
BUt5lj_3s4k

No.40

ITEM｜束口船型托特包
作 法｜P.102

大小足以應付一泊小旅行的托特包。包口有束
口式蓋布，內容物不會外露更放心。

a・表布＝棉質輕帆布（IE3227-1）
b・表布＝棉質輕帆布（IE3227-3）／鎌倉SWANY

裝入水瓶或瓶罐類也具穩定性的拉鍊波奇
包。下圖位於前方的兩個包款（b・c）為S
尺寸，後方（a）為M尺寸。無論是製作不
同大小，又或是與大布包以相同圖案製作成
套組都很不錯。

作法影片看這裡！

https://youtu.be/
FCQ38aF9ncw

a・表布＝棉質輕帆布（IE3227-2）
b・表布＝棉質輕帆布（IE3226-2）
c・表布＝棉質輕帆布（IE3228-2）／鎌倉SWANY

作法影片看這裡！

https://youtu.be/
pSs-0nGjwvg

No. 42

ITEM │ 中央點綴織帶的口袋托特包
作 法 │ P.105

作 法 │ P.105

側身達10cm，具有收納力的托特包。將提把
同款的織帶車縫於中央，作為點綴。圍繞袋身
一整圈的大型外口袋，更是便利好用的設計重
點。

a · 表布＝棉質輕帆布（IE3226-1）
b · 表布＝棉質輕帆布（IE3226-3）／鎌倉SWANY

是否要收緊束口，可依喜好決定。

a

b

b

No. **43** ITEM｜束口肩背包
作 法｜P.106

束口袋款的簡易肩背包。45cm長的肩帶斜背剛
好，不過縫製時稍微縮短，製作成肩背款也OK。

a・表布＝棉質輕帆布（IE3228-3）
b・表布＝棉質輕帆布（IE3228-1）／鎌倉SWANY

作法影片看這裡！

https://youtu.be/
vArhT_PtIQ4

攝影＝回里純子　造型＝西森萌　妝髮＝タニジュンコ　模特兒＝島野ソラ

赤峰清香的
布包物語

BAG with my favorite STORY

布包作家赤峰清香老師認為，轉換心情就靠閱讀！將在每一期伴隨親筆寫下的感想文，向大家介紹想要推薦的喜愛書籍，並製作取其內容為創作意向的設計包款。請和介紹的書籍一同享受企劃主題「布包物語」。

赤峰小姐不私藏傳授！

車縫圓底的要點

□ 一邊確實對齊合印，一邊以強力夾暫時固定。

□ 以縫紉機車縫時，將本體置於上方，一邊與展開牙口的底部對齊長度，一邊車縫。

□ 以錐子緊壓合印部分地輔助送布車縫，合印之間就不易錯位。

Columbine Polka Mazurka

M

適合短暫外出的是這款M尺寸。由於具穩定性，盛裝便當這類物品也沒問題。

L

也能成為居家佈置亮點的大尺寸。玩具、布料、可常溫存放的蔬菜或換洗衣物等，放入各式物品也有模有樣。

S

由於裡布為尼龍材質，因此也很適合作為花盆套。底部縫份是以尼龍包邊斜布條進行處理。

No.44

ITEM｜水桶托特包S・M・L
作　法｜P.109

表布使用帆布，裡布使用尼龍布，不但可當成布包，還能作為收納箱或花盆套，用法相當多元。製作前，請先熟記P.36赤峰小姐不私藏傳授・車縫圓底的要點，再車縫看看。

表布＝上棉8號帆布（S・黃芥末格紋／M・深藍格紋／L・覆盆子格紋）／倉敷帆布株式會社
裡布＝尼龍牛津布（S・N530-59／M・N530-60／L・N530-56）／富士金梅 ®（川島商事株式會社）
包邊斜布條＝尼龍包邊斜布帶（S・CP156-10 米色／M・CP156-1 灰白色／L・CP156-6 青苔綠）／CAPTAIN株式會社
接著襯＝接著襯布（AM-W・4 超硬效果）／日本vilene株式會社

《哈里斯夫人去巴黎》 保羅葛里克◎著（角川文庫）

這次要介紹的是，幾個月之前在Instagram上看到的《哈里斯夫人去巴黎》，我的目光不經意地被封面柔和的色調和可愛的插畫所吸引。

年近60的哈里斯女士在倫敦擔任管家。某天，在工作地點的衣櫃中看到了一件美不勝收的迪奧禮服，即被深深吸引。於是便下定決心自己也要擁有一件迪奧禮服。但是一件禮服幾乎就等同她一年的收入。哈里斯女士原本就很簡約的生活變得更加節儉、拼命地存錢，最後終於來到巴黎……。

我既緊張又期待，一邊幫哈里斯女士加油，一邊懷著共同冒險的心情，瞬間就看完了。想像著哈里斯女士率真、開朗的迷人樣貌，閱讀的過程非常愉快，其不論幾歲也不放棄夢想的心，帶給了人勇氣與希望。一旦有了想完成的偉大願望，就會不顧年齡與環境等因素勇往直前，我藉由這本書重新意識到這點。特別推薦給希望有人在背後推一把，跨出第一步的人。

最後，要提到讓人印象最深刻的一小段。

「哈里斯女士與其說是買了禮服，不如說是買到了冒險與一段珍貴的體驗。而且，這段體驗才是一輩子都不會失去的東西。」

這次，我從這個故事聯想到的是圓底的水桶托特包。在喜愛花草的哈里斯女士公寓內，種植了大量盆栽。為了作為盆栽套使用也能很有質感，尺寸及提把的製作上都很講究。最終完成了希望能與花草一起為哈里斯女士的生活增添明亮與溫暖，以外觀可愛的獨家帆布縫製成的布包。這種可愛感很適合倫敦公寓，對吧？

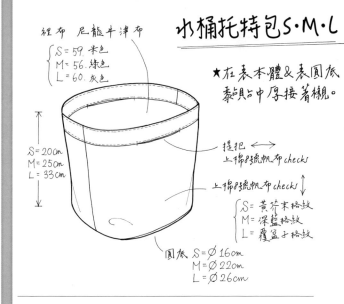

水桶托特包S・M・L

裡布 尼龍牛津布
S＝59.米色
M＝56.綠色
L＝60.灰色

★在表本體＆表圓底黏貼上中厚接著襯。

S＝200cm
M＝250cm
L＝33cm

提把 ←→
上棉8號帆布 checks

上棉8號帆布 checks ↕
S＝黃芥末格紋
M＝深藍格紋
L＝覆盆子格紋

圓底 S＝Ø 160m
M＝Ø 220m
L＝Ø 260m

profile　赤峰清香

文化女子大學服裝學科畢業。於VOGUE學園東京、橫濱校以講師的身分活動。近期著作《仕立て方が身に付く手作りバッグ練習帖（暫譯：學會縫法 手作包練習帖）》Boutique社出版、《きれいに作れる帽子（暫譯：作漂亮的帽子）》主婦與生活社出版，內附能直接剪下使用的原寸紙型，因豐富的步驟圖解讓人容易理解而大受好評。
http://www.akamine-sayaka.com/
@sayakaakaminestyle

Usanko channel × ユザワヤ YUZAWAYA

以V&A Fabric Collection 製作布小物

手作YouTuber Usanko目前最喜歡V&A Fabric Collection的布品，
沉迷在豐富的色彩及縫製時的優雅氛圍當中。
不如大家也以V&A Fabric Collection，
作作看簡單卻漂亮的布小物吧！

V&A Fabric Collection是

位於英國倫敦中央的維多利亞與亞伯特博物館（簡稱
V&A博物館），是1852年為了讓更多人接觸藝術品，
並替英國設計師與創作者帶來靈感，維多利亞女王在
位期間所建立。這次要介紹的是以V&A收藏的美麗壁
紙與織品設計為靈感，充滿魅力的精選商品。

V&A布料精選看這裡！

Usanko channel

上傳以手藝作法為主題的影片，超過
10萬人追蹤的人氣頻道。首本著作
《YouTuberうさんこチャンネルの
まぁいいっか！ハンドメイド（暫
譯：YouTuber Usanko channel的將
就手作》Boutique社出版，日本好
評熱賣中。
▶@usanko_ch

No.45 ITEM｜圓底束口包
作 法｜P.110

攜帶外出時，形狀可愛吸睛的圓底包。由於包
口為束口樣式，因此內容物不會外露讓人放
心。提把長達54cm，優點是肩背也OK。

※布料皆為棉質牛津布 by V&A Fabric Collection。
表布＝（Acanthus・121-03-126-005）
裡布＝（Sunflower・121-03-128-001）
綁繩＝（NR-01C）
束尾釦＝215-02-233-003／Yuzawaya

圓底確實對準合印，並在本體
縫份剪出較細的牙口，是作品
能車縫得漂亮的要點。

No.47

ITEM｜雙袋波奇包
作 法｜P.111

合計有個口袋，因此除了旅行時
的繁雜用品，拿來分類容易散亂
在包中的物品也非常好用。掀蓋
的開闔，使用了熨燙黏貼式的魔
鬼氈。

※布料皆為棉質牛津布
　by V&A Fabric Collection
〔粉紅掀蓋〕
表布A＝（Celandine・121-03-125-002）
表布B＝（Celandine・121-03-125-001）
〔綠色掀蓋〕
表布A＝（Celandine・121-03-125-001）
表布B＝（Celandine・121-03-125-002）
S至L共通・魔鬼氈＝213-03-078-001
／Yuzawaya

No.46

ITEM｜換洗衣物波奇包S・M・L
作 法｜P.89

旅行或短暫過夜時，若有這樣優
美的換洗衣物波奇包，從打包行
李開始，期待旅行的心情也會更
加高亢。僅需以直線縫合兩塊長
方形的簡單作法也是其魅力。

※布料皆為棉質牛津布
　by V&A Fabric Collection
〔L〕表布＝（Honeysuckle and Tulip・
　　　　 121-03-127-005）
　裡布＝（Jasmine・121-03-133-001）
〔M〕表布＝（Pimpernel・121-03-131-003）
　裡布＝（Sunflower・121-03-128-003）
〔S〕表布＝（Strawberry Thief・121-03-129-001）
　裡布＝（Willow Bough・121-03-132-001）
四合釦＝215-14-005-003／Yuzawaya

V&A Fabric Collection
網購點這裡！

素材：　棉質牛津布（牛）｜布寬：寬約110cm
　　　　棉質平織布（平）｜布寬：寬約110cm
　　　　棉麻帆布（麻）｜布寬：寬約110cm

V&A Fabric Collection

Strawberry Thief（平）

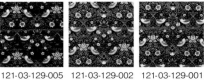
121-03-129-005　121-03-129-002　121-03-129-001

Willow Bough（平）

121-03-132-004　121-03-132-001

Pimpernel（平）

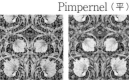
121-03-131-005　121-03-131-003　121-03-131-001

Jasmine（平）

121-03-133-004　121-03-133-001

Alice's Adventure（麻）
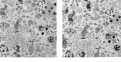
121-03-134-002　121-03-134-001

Playful Rhymes（麻）

121-03-135-001

Briar Rose（麻）
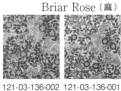
121-03-136-002　121-03-136-001

Honeysuckle and Tulip（牛）

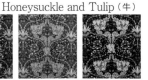
121-03-127-006　121-03-127-005　121-03-127-004　121-03-127-003　121-03-127-002　121-03-127-001

Acanthus（牛）

121-03-126-005　121-03-126-004　121-03-126-003　121-03-126-002　121-03-126-001

Sunflower（平）

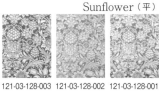
121-03-128-003　121-03-128-002　121-03-128-001

Celandine（牛）

121-03-125-005　121-03-125-004　121-03-125-003　121-03-125-002　121-03-125-001

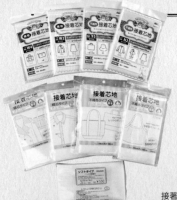

＼Cotton Friend日本讀者票選／
好用的接著襯！

本次精選2022年日版Cotton Friend春季號盛大招募的「接著襯貼貼樂體驗試用活動」參與者的反饋，公開分享讀者視角的接著襯評價，以供作為選擇接著襯時的參考。

接著襯提供：鎌倉SWANY・清原（株）・Kuraimuki（株）・日本Vilene（株） 攝影：腰塚良彥・藤田律子 排版：松本真由美

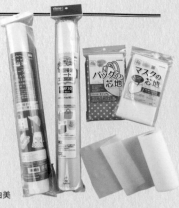

貓頭鷹媽媽家族 織品接著襯

硬挺效果（AM-W4）日本Vilene（株）

織品款 厚

【黏貼範例】

 棉細平布

 牛津布

硬且具有厚度，宛如厚木棉布般的質感。

具硬挺度，不易起皺。我用於製作方形托特包。未來在製作希望展現明確形狀的包款時，會想要使用這款接著襯。（西林優紀）

硬卻兼具柔韌度，可製作出效果讓人滿意的手提包。（小野村桂子）

由於不是非常厚，因此不會無法展現布料特性真是太好了！用於牛津布會變得像是薄帆布一般，相當適合製作托特包類的作品。（ありま）

貓頭鷹媽媽家族 織品接著襯

清爽柔軟效果（AM-W2）日本Vilene（株）

織品款 薄

【黏貼範例】

 棉細平布

 牛津布

非常輕薄柔軟。表面清爽。

貓頭鷹媽媽家族的接著襯都很容易黏貼。特別是這款AM-W2，能夠牢牢貼合，保留布料材質的柔軟度、滑順度，同時又能增加強度，這點真是太好了！（浅海裕子）

織品款較容易車縫，方便進行精密的步驟，粉筆也容易塗佈。特別是這款AM-W2，成品效果自然柔韌，非常好用。貓頭鷹媽媽家族全部都很好黏貼，所以很喜歡。（ありま）

用來製作了御朱印帳收納套。能與柔軟的布料結合。（西林優紀）

熨燙接著襯 織芯襯款・厚

SUN COCCOH・清原（株）

織品款 厚

【黏貼範例】

 棉細平布

 牛津布

相當堅硬，質感硬脆。

黏貼在平織布上，會產生宛如圖畫紙般的硬度。雖然很硬卻容易車縫。（浅海裕子）

在製作硬挺的包包時非常好用。能將平織布升級成另一種樣貌，很厲害！！（香月理沙）

我用在托特包表布。容易黏貼，可製作出堅固的布包。（原通子）

熨燙接著襯 織芯襯款・普通

SUN COCCOH・清原（株）

織品款 中薄

【黏貼範例】

 棉細平布

 牛津布

如紗布般柔軟的質感。

貼在平織布上OK。能輕易貼得漂亮，沒有皺褶或不服貼的狀況。（浅海裕子）

材質中加入了棉，讓人很有好感。我用在棉上衣的領圍處。（小野村桂子）

我黏貼在平織布上，製作了餐墊及筷袋。能作出明顯的挺度真是太棒了！（香月理沙）

貓頭鷹媽媽家族 不織布接著襯

硬挺效果（AM-N2）日本Vilene（株）

不織布款
厚

【黏貼範例】

棉細平布

牛津布

雖然是脆硬如紙張般的質感，但沒有厚度，相當輕薄。

雖然很薄，但成品硬度恰到好處，因此用於製作形狀鮮明的小物似乎很不錯。（ありま）

我貼在平織布上。雖然產生明顯的堅挺度，但布料不會增加厚度，這點很好。（淺海裕子）

厚度很薄，硬度也較低，作出的效果不會非常硬。（西林優紀）

在厚接著襯之中，是較柔軟的款式。（富田祐子）

貓頭鷹媽媽家族 不織布接著襯

清爽柔軟效果（AM-N2）日本Vilene（株）

不織布款
薄

【黏貼範例】

棉細平布

牛津布

輕薄柔軟，具有不織布獨特的挺度。

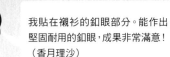

我貼在襯衫的釦眼部分。能作出堅固耐用的釦眼，成果非常滿意！（香月理沙）

即使是不織布款，也具有布料感，效果相當自然真是太好了！（ありま）

彈性好又柔軟，能與布料融為一體，輕薄且柔韌。（小野村桂子）

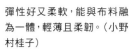

製作了嬰兒圍兜。雖然表・裡布都使用了雙層紗布，但黏貼於表布的部分不會輕飄飄的，作出來的感覺很好。（原通子）

熨燙接著襯 不織布款・厚

SUN COCCOH・清原（株）

不織布款
厚

【黏貼範例】

棉細平布

牛津布

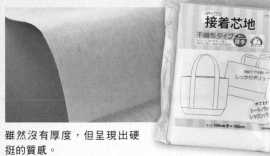

雖然沒有厚度，但呈現出硬挺的質感。

雖然是「厚」款，但接近於「普通」款的感覺。效果柔軟且具輕盈感。（原通子）

用來製作了波奇包。能帶來實在的硬挺度，厚度不會太薄也不會過厚。（西林優紀）

黏貼在平織布上，可帶來明確的硬質感。能緊緊貼附於布料。與同品牌織品襯相比，給人略為柔軟的印象。（淺海裕子）

熨燙接著襯 不織布款・普通

SUN COCCOH・清原（株）

不織布款
中薄

【黏貼範例】

棉細平布

牛津布

雖然輕薄，但纖維密度高，具有如紙張般脆脆的質地。

與同牌織品款相比，感覺較硬。作品會呈現堅硬牢固的感覺。（淺海裕子）

是製作布包或波奇包時剛剛好的厚度。容易使用，能作出很棒的成品。使用於包中包時，最能呈現出漂亮的效果！（香月理沙）

我用在彈片口金波奇包的本體。輕薄卻脆硬，讓蕾絲車縫變得容易。成品一定會較硬，且比預期更硬（ありま）。

包裝上有標明接著襯種類、詳細的黏貼方式，讓人很容易理解。雖然有挺度卻柔軟，能展現布料特質，非常厲害！襯本身的手感滑順，所以也容易車縫，是最實用的接著襯。（ありま）

黏貼在平織布上時，布料很柔軟，蝴蝶結的細褶能呈現自然美麗的效果。黏貼在牛津布上，會有堅硬的效果。不需依布料選換襯布，這點很棒。（西林優紀）

雖然給人的感覺又薄又輕，但貼上去之後就會產生挺立感，讓我嚇一跳。柔軟且具有黏性，效果也很漂亮，是我最喜歡的一款。即使貼在薄布上，也能作出讓布包具自立性的挺度。（富田祐子）

與表布的一體感相當棒。貼上去就會變得宛如另一種布料。柔順有彈性，非常好貼，不容易剝落這點也超讚。（小野村桂子）

讓人也想用看看鎌倉SWANY其他款式的接著襯。（西林優紀）

SWANY SOFT

鎌倉SWANY

織品款
中厚

【黏貼範例】

棉細平布

牛津布

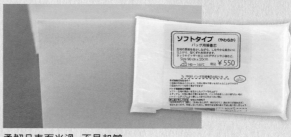

柔韌且表面光滑，不易起皺。

也很推薦這些！

MEDIUM、HARD都會作出一定厚度的硬挺效果，但具有彈性，能滑順地與表布融合，不易起皺。

SWANY HARD
適用於希望能自立的布包或大型提包等作品。

SWANY MEDIUM
側身較寬的提包也能確實定型。

Kuraimuki獨家 萬用接著襯條

（寬15cm）　Kuraimuki（株）

織品款
薄

【黏貼範例】

棉細平布

牛津布

將輕薄柔軟的織品款接著襯，作成寬15cm的捲筒狀。

用來製作寬15cm的帽子剛剛好，若帽簷也較小也足夠使用。捲筒狀能迅速轉動裁切，用起來不浪費，我認為是很棒的襯。（寺田亜希子）

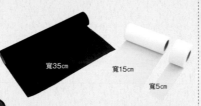

寬35cm　　寬15cm

寬5cm

有5cm・15cm・35cm共3種寬度，因此若先準備好常用的寬度，就會很方便。

由於我最常作的就是衣服，所以覺得這款最實用。用來黏貼外套的前貼邊（長條物）等位置非常方便。（Y.N）

由於是窄幅所以不會浪費，非常適合用來製作柔軟的洋裝。因為可以捲起收納，所以不會產生皺褶，方便裁切也是我喜歡的地方。（拜鄉史子）

製作服裝時，常會在貼邊等長條處黏貼接著襯，因此無需攤開大張襯的這款接著襯超級方便！長條型捲筒狀的設計非常好用，能確實地感受到它的巧思。（ume*mew）

布包襯　MEDIUM

SUN COCCOH・清原（株）

織品款
中厚

【黏貼範例】

棉細平布

牛津布

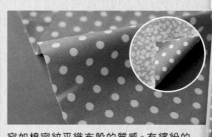
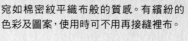

宛如棉密紋平織布般的質感。有繽紛的色彩及圖案，使用時可不用再接縫裡布。

因為是能替代裡布的接著襯，所以我用來製作單層結構的方形托特包。能漂亮地黏貼，布包形狀也很堅挺，作出了想要的樣子。（拜鄉史子）

從以前就經常使用。厚度剛剛好，用起來很方便。要是有更多顏色及圖案就更好了！（ume*mew）

我貼在牛津布背面，作了波奇包。由於不用車縫裡布就能完成，因此製作時間相當短。將圖案剪下製作貼布繡也不錯，貼在小朋友的包包上也是一種用法。

因為是圓點圖案，使用淺色布時會透出，表布顏色要慎選。我用來製作A4尺寸的有側身托特包。雖然硬度不到能夠自立，但用來裝書籍類的物品，感覺剛剛好。（富山弘美）

Decovil

※Decovil ※Decovil為Carl Freudenberg KG公司的商標。

日本Vilene（株）

厚

【黏貼範例】

棉細平布

牛津布

具有厚紙般的厚度，質感如合成皮般的接著襯。

口罩襯

SUN COCCOH・清原（株）

織品款
薄

【黏貼範例】

棉細平布

牛津布

非常輕薄卻很堅固，具彈性。不含有害身體的甲醛，因此是可用於口罩的接著襯。

由於看起來不像接著襯，因此覺得用於小物收納盒的內側或許不錯。不過稍為嫌厚了一點（這是沒辦法的事），讓人有點在意。（渡辺香苗）

我用在肩背包的底布。非常好黏貼，也不會脫落，很容易車縫。即使裝入有點重量的物品也不會變形，有置入底板般的效果。（拜鄉史子）

我貼在木棉布上，作了立體口罩。效果漂亮，貼合感也很棒，而且清洗後也不容易皺，只需用熨斗迅速燙過，就會平順漂亮。（拜鄉史子）

因為主打安全接著襯的特性，所以我拿來作了寶寶圍兜。即使貼了接著襯，布料依然能保持柔軟，因此我覺得很適合嬰兒用品。（岡崇子）

我用來製作袱紗。連LIBERTY Tana Lawn這樣的薄布也能作出堅固且俐落的效果。車縫時車針也容易穿過，容易使用。（岡崇子）

我用在花朵夾的棉密織平紋布部分。因不易起皺，適用於想要稍帶挺度的作品。（rinka）

我作了口罩。用完學校午餐後都需要戴上口罩，所以有可以放心使用的接著襯真是太感謝了。是之後也會希望經常使用的襯。（寺田亜希子）

貼在捨不得丟棄的零碼布上，作成了貼布繡。（rinka）

作了用藥手冊的布套。作口袋或精密步驟，布料容易操作非常棒。似乎是最萬用的。下次還想挑戰貼布繡。（岡崇子）

MF超級自黏襯

日本Vilene（株）

【黏貼範例】
※裡側與棉細平布黏接

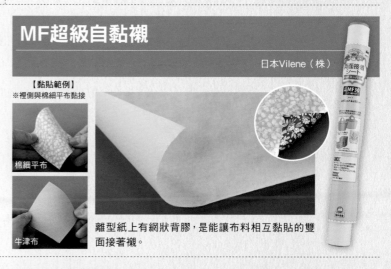

棉細平布

牛津布

我用來黏貼在口金包的表布及裡布。就算不車布邊也很牢靠、不會變形，效果漂亮，讓我十分滿意。（寺田亜希子）

離型紙上有網狀背膠，是能讓布料相互黏貼的雙面接著襯。

＼ 還有很多！推薦的接著襯 ／

以創意創造各種用法的機能性接著襯

專為布包開發的單膠鋪棉

除臭襯　薄・厚

SUN COCCOH・清原（株）

有除臭效果的接著襯。除臭效果經洗滌即可回復，即使清洗100次，除臭效果依舊。

帽子襯　薄・厚

SUN COCCOH・清原（株）

這款接著襯竟然有抗UV功能！除了用於製作帽子，還有許多應用方法。無甲醛，接觸皮膚也放心。

鬆軟布包接著棉襯　薄・厚

日本Vilene（株）

能輕易地緊密貼合，不易剝落。具有密度的蓬鬆棉襯，能讓提包或波奇包呈現出美麗的包型。與輕薄的LIBERTY Tana Lawn搭配性絕佳。

以羊毛氈製作

秋季主題胸針

使用蓬鬆輕盈的羊毛，以戳針一針一針地戳硬，製作成玩偶等造型的羊毛氈手藝。
成品特有的溫暖感很受歡迎。

攝影＝回里純子（P.44） 腰塚良彥・藤田律子（P.45） 造型＝西森 萌

以羊毛氈製作了秋日風物的胸針。要不要別上手工胸針，當成帽子、背包或衣著上的小裝飾呢？一旦加上陰影，圖案就會產生立體感。請務必參考並動手製作。

※蘋果以外為欣賞作品。

製作・步驟指導
中丸みどり
@midorinakamaru

以羊毛戳針筆來製作羊毛氈胸針吧！

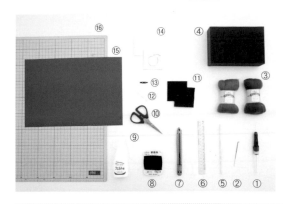

準備工具&材料

① 羊毛戳針筆（單針式）
② 修飾針（極細戳針）
③ 羊毛條
④ 羊毛氈專用海棉墊
⑤ 熱消筆（白）
⑥ 尺
⑦ 美工刀
⑧ 手縫線
⑨ 羊毛氈專用膠
⑩ 剪刀
⑪ 不織布
　（底座・背面用 厚約1mm）
⑫ 手縫針
⑬ 胸針（25mm）
⑭ 紙型用厚紙
⑮ 複寫紙
⑯ 切割墊
・其他（鉛筆等）

原寸圖案

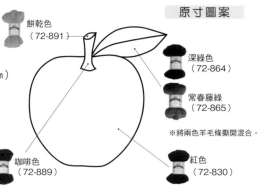

餅乾色（72-891）
深綠色（72-864）
常春藤綠（72-865）
咖啡色（72-889）
紅色（72-830）

※將兩色羊毛條撕開混合。

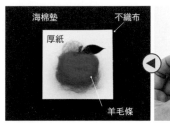  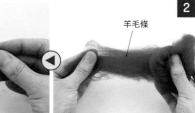 **2**

海棉墊　不織布　厚紙　羊毛條　捲起　羊毛條

開始戳羊毛。參考上圖撕下一搓羊毛條，在海棉墊上依底座用不織布→**1**的厚紙順序放置，將羊毛條繞捲成果實大小放上。為避免針戳穿海棉墊，最底下還要墊上切割墊。

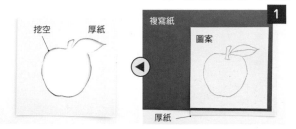 **1**

複寫紙　挖空　厚紙　圖案　厚紙

製作蘋果的紙型。依厚紙→複寫紙→圖案的順序重疊。以鉛筆描蘋果圖案，複印於厚紙上之後，以美工刀鏤空圖案內部。

 **5**

莖　葉片　不織布

以 **2** 至 **4** 相同方式製作葉片&莖之後，移除厚紙，戳側邊部分，調整蘋果形狀。

 **4**

戳針

放上與 **2** 差不多份量的羊毛條，製作表面。將戳針筆替換成修飾針。要小心若戳得過深就會扁掉，改以淺淺地密集戳刺。

 **3**

垂直　羊毛戳針筆

以單支針款羊毛戳針筆開始戳刺。第一輪先戳出大概即可，因此以讓不織布和羊毛氈黏在一起的感覺，依蘋果的形狀深針確實戳刺約20次。為避免斷針，請務必垂直進行戳刺。

 完成！

 **9**

不織布　胸針

以手縫線將不織布&蘋果以釦眼繡（參照P.83）縫合。

 **8**

使用內附的抹棒，在不織布與蘋果的間隙塗抹羊毛氈專用膠，進行黏合。再依蘋果形狀從正面側剪下。

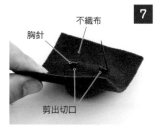 **7**

不織布　胸針　剪出切口

在背面側縫上胸針五金。依胸針剪出切口之後，蓋上背面用的不織布。

 **6**

不織布（底座）

裁剪底座不織布。從戳好的部分與不織布邊緣剪下。

全70色的繽紛色彩，是想要以所需分量收齊眾多顏色時，剛剛好的大小。

 羊毛條資訊看這裡

羊毛條
內容：約5g／各色

這裡還有很多其他羊毛氈手藝工具

羊毛戳針筆專用海棉墊

羊毛戳針筆替換針
修飾針<3入>

羊毛戳針筆・單針式

洽詢
Clover株式會社

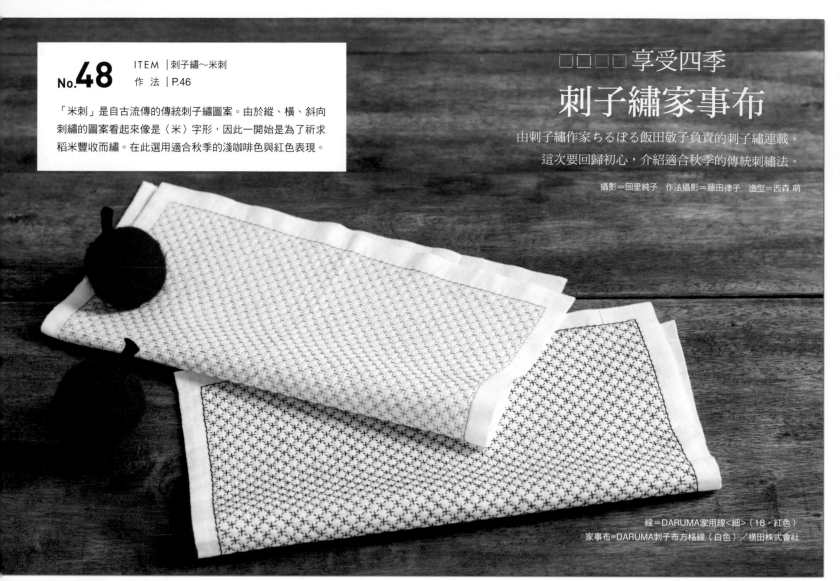

No.48

ITEM｜刺子繡～米刺
作法｜P.46

「米刺」是自古流傳的傳統刺子繡圖案。由於縱、橫、斜向刺繡的圖案看起來像是〈米〉字形，因此一開始是為了祈求稻米豐收而繡。在此選用適合秋季的淺咖啡色與紅色表現。

□□□□享受四季
刺子繡家事布

由刺子繡作家ちるぼる飯田敬子負責的刺子繡連載。
這次要回歸初心，介紹適合秋季的傳統刺繡法。

攝影＝回里純子　作法攝影＝藤田律子　造型＝西森 萌

線＝DARUMA家用線＜細＞（18・紅色）
家事布＝DARUMA刺子布方格線（白色）／橫田株式會社

---

profile

ちるぼる・飯田敬子

刺子繡作家。出生於靜岡縣，在青森縣居住時期接觸了刺子繡，從此投入學習傳統刺子繡技法。目前透過個人網站以及YouTube，推廣初學者也易懂的刺子繡針法＆應用方式。

刺子繡家事布的作法

※為了方便理解，在此更換繡線顏色，並以比實物小的尺寸進行解說。

[刺子家事布基礎]

起繡

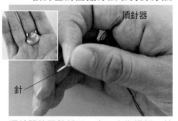

在起繡點的前方5格入針，穿入兩片布料之間（不從背面出針），從起繡點出針。不打結。

頂針器的配戴方法＆持針方法

頂針器的圓盤朝下，套入中指根部。剪下約張開雙臂長度（約80cm）的線段，取1股線穿針。以食指＆拇指捏針，頂針器圓盤置於針後方的方式持針。

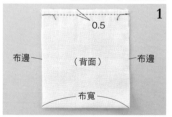

DARUMA刺子繡家事布方格線已繪製格線。使用漂白布，則要依據圖片尺寸以魔擦筆（加溫可清除）描繪0.5cm格線。

製作家事布＆畫記號

將「DARUMA刺子繡家事布方格線」正面相疊對摺，在距離布端0.5cm處平針縫，接著翻至正面。使用漂白布時則是裁剪成75cm長，以相同方式縫製。

順平繡線

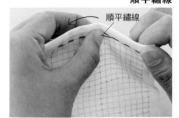

每繡一行就順平繡線（以左手指腹將線條往左側順平），以舒展線條不順處，使繡好的部分平坦。
※斜向刺繡無需順平繡線。

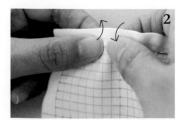

以左手將布料拉往遠側，使用頂針器從後方推針，於正面出針。重複步驟1、2。

繡法

以左手將布料拉往近側，使用頂針器一邊推針，一邊以右手拇指控制針尖穿入布料。

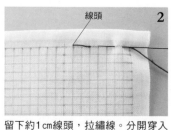

留下約1cm線頭，拉繡線。分開穿入布料的繡線起繡。完成後剪去線頭。

[No.48 米刺的繡法]

觀看影片教作，簡單明瞭！
米刺家事布作法
https://onl.bz/4QephVQ

第一排

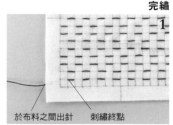
完繡 1
於布料之間出針　刺繡終點

刺繡完成後，就從布料之間出針。

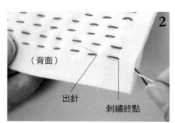
2
（背面）
出針　刺繡終點

翻至背面，避免在正面形成針目，將針穿入兩片布料之間，在背面側的針目一端出針。

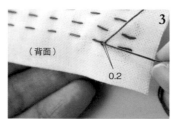
3
（背面）
0.2

以0.2cm左右的針目分開繡線入針，穿過布料之間，於隔壁針目一端出針，以相同方式刺繡。

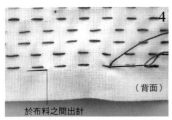
4
（背面）
於布料之間出針

繡3目之後，穿入布料之間，在遠處出針並剪斷繡線。
※刺繡過程中若繡線用完時，也一樣使用起繡與完繡的處理作法。

第二排

工具
① ② ③ ④ ⑤ ⑥ ⑦

①DARUMA刺子繡家事布方格線（或漂白布）②線剪 ③頂針器 ④針（有溝長針）⑤線（木棉細線）⑥尺 ⑦摩擦筆

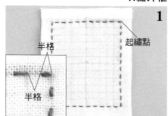
1.繡外框 1
半格　起繡點
半格
半格

從右上格線邊緣起繡。反覆繡半格空半格，將最外側的線條繡一圈。

2.橫向刺繡 1
起繡點　1格
格紋中央
格紋中央

從格紋中央出針（起繡點），橫向反覆地將針刺入格紋中央，再從格紋中央出針。

第三排

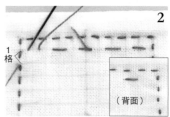
2
1格
（背面）

繡到末端之後，將針穿入兩片布料之間（不從背面出針），從下方一格邊緣出針。

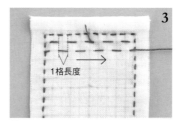
3
1格長度

第2行則是反覆於格紋中央入針、出針，使每行針目錯開1格的長度。

4

重複步驟1至3，繡至最下方為止。

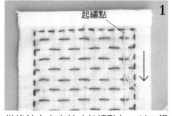
3.直向刺繡 1
起繡點

從格紋中央出針（起繡點），以**2.橫向刺繡**相同的方式進行直向刺繡。

第四排

2

繡到最左端，完成十字圖案。

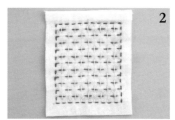
4.從右上朝左下斜向刺繡 1
0.3　起繡點

在十字與十字之間，以約0.3cm的間隔斜向刺繡。繡至末端之後，就將針穿入兩片布料之間（不從背面出針），朝下面1個十字出針。

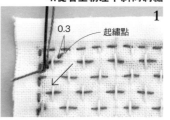
2
穿入兩片布料之間

以步驟1的相同方式，在十字與十字之間斜向刺繡。

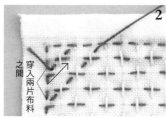
3

反覆步驟1、2，繡至布料右下為止。

第五排

5.從左上朝右下斜向刺繡 1
起繡點

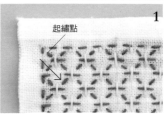

從起繡點出針，以**4.從右上朝左下斜向刺繡**的相同方式，改從左上朝右下斜向刺繡。

6.進行鑽繡 1
出針

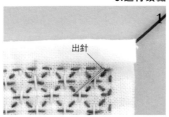

打結，穿過布料之間，從**1.繡外框**所繡的外框針目左側出針。

2
針孔

由上往下在縫線位置，將繡針鑽入針孔側。以相同方式穿入1圈，進行完繡處理，於布料之間出針&打結。

完成
（背面）　（正面）

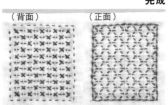

圖案完成。以清水消除線條（使用魔擦筆，則熨燙清除），剪去多出的線頭就完成了。

手作，享受季節裝飾小物

賞月、萬聖節、聖誕節……又到了活動行程滿檔的季節。何不以手作飾品，製作繽紛室內的季節小物呢？

攝影＝回里純子　細節攝影＝腰塚良彥　造型＝西森 萌

兔子使用了法蘭絨布，以材質展現出柔順的毛色。

將麻繩拆開，當成芒草。

No.49　ITEM｜兔子賞月花圈
作法｜P.64

眺望著漂浮在秋季夜空中的美麗月亮，感謝豐收的活動「賞月」。以秋色素材組合成兔子賞月的景象，製作成花圈。

懸吊的月亮，宛如漂浮在秋夜之中。

No.49創作者／本橋よしえ

No.50

ITEM │南瓜型收納盒
作 法 │ P.101

說到萬聖節就想到南瓜。因此活用零
碼布，製作了南瓜收納盒。將8片直
長條紙型拼接在一起製作南瓜造型。
可盛裝筆類、收納糖果，用法隨心所
欲。

No.50創作者／siromo

以正八角形底布作出高穩定性的收納盒。

因為黏貼襯布加強了挺度，成品呈現出漂亮的形狀。

鬃毛及尾巴，是將布料作出鬚邊來呈現。

No. **51**

ITEM｜達拉木馬迷你抱枕
作 法｜P.87

一旦接近冬季，總會變得眷戀北歐風居家佈置。達拉木馬就是其中之一。將北歐著名的幸運象徵「達拉木馬」，製作成了迷你抱枕。擺放在沙發上作為妝點如何呢？

No.51創作者／福田とし子

50

No.52創作者

／Atelier Hatuhanna・
榎本初江

@hatsuhannah

和風布花作家。目前在東京都西
東京市經營小小的和風布花教室
Atelier Hatuhanna。著作有《アト
リエはつはんな つまみ細工の花あ
しらい（暫譯：Atelier Hatuhanna
和風布花裝飾）》Boutique社出
版。

No. **52**

ITEM｜玫瑰餐巾環
作　法｜P.52（作品步驟圖解）

12月因為要準備聖誕節，總會變得非
常忙碌……
要不要趁11月開始先慢慢地準備呢？
以和風布花特製餐巾環，讓聖誕大餐
更有氣氛吧！

以LIBERTY布料製作和風布花，
完成了有別於既有印象的氛圍。

工具

①鑷子②竹籤（用於塗抹白膠）③B7尺寸硬盒④白膠⑤接著劑⑥紙膠帶⑦擦手巾（沾到白膠時，可擦手）

[裁布圖]

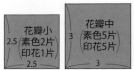

底布（素色1張） 4 / 4

基底厚紙（1張）直徑3cm

花心（素色1片） 3 / 3

花瓣小（素色2片／印花1片） 2.5 / 2.5

花瓣中（素色5片／印花5片） 3 / 3

花瓣大（素色5片／印花5片） 3.5 / 3.5

材料

棉密紋平織布（素色）‧‧‧‧‧‧50cm×5cm
Tana Lawn（印花）‧‧‧‧‧‧‧‧40cm×5cm
厚紙‧‧‧‧‧‧‧‧‧‧‧‧‧‧‧‧‧‧‧5cm×5cm
餐巾環（金屬製）直徑4.3cm‧‧‧‧1個

※素色布與印花布的配置請參考作品圖。

※摺花型版亦可線上下載（參照P.11）。

1.製作底座

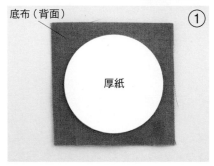

② 底布（正面）／厚紙

在底布四周塗膠，先黏貼角落部分，之間再以避免產生褶襉的方式，包覆厚紙黏貼。

① 底布（背面）／厚紙

在基底厚紙塗抹白膠，黏貼底布。

和風布花輔助型版的用法

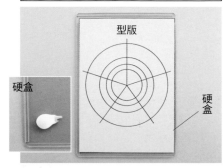

型版／硬盒／硬盒

影印位於原寸紙型D面的和風布花輔助型版，沿周圍的線剪下，放入硬盒中。※另一個硬盒則作為擠膠盤使用。

2.製作花瓣

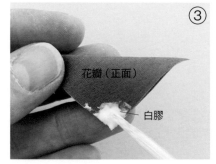
③ 花瓣（正面）／白膠

貼合之後，在角落塗上白膠。

② 摺疊。／花瓣（正面）

從對角線對摺，以白膠貼合。

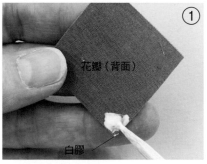
① 花瓣（背面）／白膠

在花瓣布角落塗上白膠。

3.葺花瓣

① 底座（正面）／中心／和風布花輔助型版

對準和風布花輔助型版板＆底座的中心，以捲起的紙膠帶黏貼。

※製作和風布花時，將花瓣黏貼於底座的步驟稱作「葺」。

⑤ 花瓣（正面）／花瓣（背面）

以相同方式製作10片大花瓣、10片中花瓣、3片小花瓣。

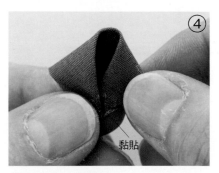
④ 黏貼

將兩端對齊尖角黏貼。

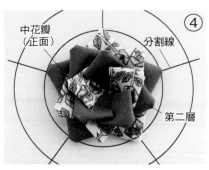

④

中花瓣
（正面）

分割線

第二層

第三層則在第二層花瓣之間（分割線上）以③相同方式葺5片中花瓣。

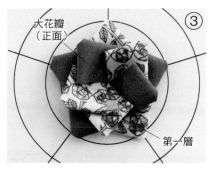

③

大花瓣
（正面）

第一層

第二層則在第一層花瓣之間，將5片大花瓣以②相同方式葺上（中心不要有空隙）。

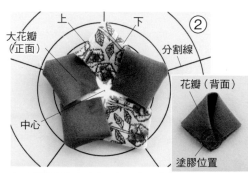

②

上　下

大花瓣
（正面）

分割線

中心

花瓣（背面）

塗膠位置

在大花瓣的背面塗上白膠，於分割線上以花瓣左側在隔壁花瓣上方，右側則在下方的方式葺5片花瓣。僅第一層在中心空出0.5cm的間隙。

4.黏貼花心

①

白膠

花心（正面）

參照P.52　2.-①、②，摺疊花心後，在邊緣塗上白膠，以鑷子捲起芯。

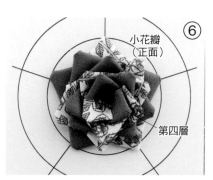

⑥

小花瓣
（正面）

第四層

第5層是把3片小花瓣，協調地葺在第四層花瓣之間。

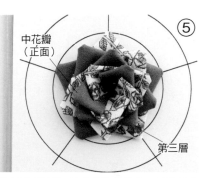

⑤

中花瓣
（正面）

第三層

第四層則是將5片中花瓣葺於第三層花瓣之間。

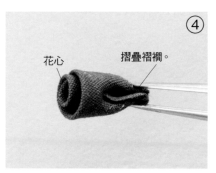

④

花心

摺疊褶襉。

下方摺疊褶襉，以鑷子夾住。

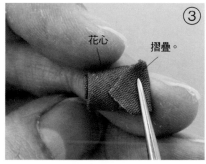

③

花心

摺疊。

將下方往上摺，以白膠黏貼。

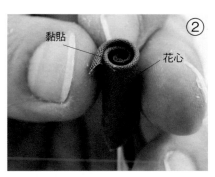

②

黏貼

花心

鬆鬆地捲起，邊端以白膠黏貼固定，再從鑷子上拔起。

5.黏貼於餐巾環

②

底座（背面）

以接著劑黏貼。

餐巾環

在底座塗上接著劑，黏貼於餐巾環就完成了！

①

摺花型板

白膠乾了之後，就將底座從摺花型板上拆下。

⑤

花心

在花心下方塗膠，以鑷子將花心用力往下按壓，黏貼於花朵中央。

喜歡的布料就算只餘下零碎布片，還是捨不得丟。

只要善用配色，結合拼布或貼布縫的技巧，

小布片也能化身美麗布包和布小物！

裁剪・拼縫就完成！

配色點子×日常實用布包&

小物48款

一看就懂的全彩作法解說&

原寸紙型輕鬆享受拼布樂趣！

拼·布包　零碼布玩色手作帖

BOUTIQUE-SHA ◎編著

平裝／88頁／21×26cm／全彩

定價 380 元

開啟個人手作×商售的雙重樂趣

縫一個・賣一個！

本書集合了講究剪裁與設計感的布包＆波奇包。

不只外形可愛，實用性與機能性同樣優秀。

從外出大小布包，到居家裝飾小物、化妝包、筆袋等，

收錄了許多看似造型簡約但細節設計獨特有趣的日常布物，

可愛到讓人想用不同的花樣布多作幾個。

Pro 級！手作販售 OK！
美麗又有趣的好實用布包
BOUTIQUE-SHA ◎授權
平裝／96 頁／23.3x29.7cm
彩色／定價 480 元

手藝書的
作者採訪專欄

最近都找不到想買給自己的衣服……有這種想法的作者朝井小姐，以每天都想穿著的成人服飾為主題所完成的書籍。上衣、裙褲、外套等等，共收錄了22種款式。

《enannaのこれから着てみたい服（暫譯：enanna今後想穿的服飾）》Boutique社出版

介紹上市中的縫紉書籍裡，受到歡迎的作品和花絮的專頁「手藝書的作者採訪專欄」。第二回採訪了《enannaのこれから着てみたい服（暫譯：enanna今後想穿的服飾・Boutique社出版）》的作者朝井牧子。

攝影＝回里純子　造型＝西森 萌　妝髮＝タニ ジュンコ　模特兒＝島野ソラ

No.53

ITEM｜開襟衫
作 法｜P.112

收錄於書中P.24的短版開襟衫，因為設想會在季節轉變或在冷氣房內時穿著保暖，是以亞麻材質製作。這次，以相同版型，將布料換成聚酯羊毛混紡材質的葛倫格紋布。由於是沒有鈕釦的罩衫款式，因此外套新手也能輕鬆製作。請務必縫製看看。

刊登於書中的作品是這款！

服裝打版必學的
原型製圖

直接製作書上的手作服雖然輕鬆，
但也想設計更符合自己體型的服裝……
這時原型製圖便是你不可不知的技巧！
透過收集人身尺寸等大數據，從中計算大多數人的標準體型數字。
本書介紹的是業界最通用的文化式及登麗美式原型，
並加上直接製圖法，教你繪製出屬於自己的版型。
透過詳盡且仔細的解說，針對每一條線段的畫法及公式的換算，
更能夠了解如何活用原型，
並設計出自己想要的輪廓及線條！

SEWING 縫紉家 49
服裝原型打版製圖
一次學會文化式・登麗美式・直接製圖三大系統
Boutique-sha ◎授權
定價：380 元

防水包的完美守則：
免手縫、免燙襯、耐髒汙、兩大張原寸紙型，獨立不重疊！

★ 1000⁺ 作法照片超詳解步驟教學
★ 特別附錄《製包基礎別冊》
  口袋、提把、拉鍊、出芽、返口完美隱藏、
  五金配件製作應用全圖解
★ 內附兩大張原寸紙型

EZ Handmade聚樂布Everlyn Tsai老師，第一本以防水布為素材的原創設計製包書。
本書使用布料以英國防水布為主，多數 家飾厚棉布加防水膜壓膜（亮面及霧面）。製作
袋包一般不需另外燙襯，即有一定的挺度， 書中亦有收錄搭配以肯尼布、尼龍布、仿皮
製作的作品，您可依個人喜好的包款，選擇喜愛的布料變換製作，相同的包款，以不同布
料製作，會有全然不同的視覺感受。

從防水布介紹、各種關於防水布的運用提示，從簡單的基礎製包教學，帶領初學者或是未
曾接觸防水布的您，製作基本款的可愛托特包，就是進入防水包的第一步！
書中作品教學皆有標示難易度，您可依照個人程度，選擇想要挑戰的包款，不論是初學者
或是稍有程度的進階者，都可在本書找到適合自己製作的作品。

本書附有兩大張原寸紙型，紙型不重疊，您可更加輕
鬆取得包包的版型，特別附錄<製包基礎別冊>，製包
時，搭配別冊內豐富的教學內容：各式拉鍊口袋、開
放式口袋、拉鍊口布、提把、斜背帶製作、出芽、五
金配件運用，並且收錄作者在創作包包時的製包小祕
密，讓您製作防水包時，更加得心應手！學到更多！

若您未曾接觸防水布，或是想要接觸，但一直卻步不敢
入手，不妨藉由本書，跟著Everlyn Tsai老師詳盡的耐
心教學，一起進入防水包的手創世界吧！

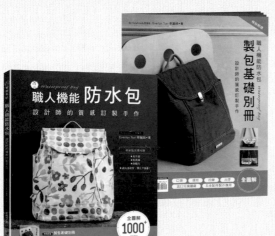

職人機能防水包：設計師的質感訂製手作
（特別附錄─製包基礎別冊）

Everlyn Tsai 蔡麗娟◎著
平裝 120 頁／ 21cm×26cm ／全彩
定價 630 元

全台首創！可動式羊毛氈不倒翁
推一下，盪出完美微笑曲線 ☺

在羊毛氈作品特有的溫暖基調＆可愛的動物造型之上，

再加入不倒翁的設計；

除了著重擬真造型＋毛色呈現技巧，也賦予作品可動性，

讓羊毛氈小動物們加倍帶有生命力＆樂趣。

擺放在書桌、辦公桌旁，不僅是賞心悅目的擺飾，

也可以拿在手上賞玩、撫摸，或輕輕推晃，

以萌寵動物的治療魅力舒解身心的疲勞。

⬤ 收錄14支基礎技巧QR code影片：分享職人的製作撇步＆訣竅重點！

⬤ 全作品、全步驟照片圖文解說，最清楚易懂！

⬤ 教你製作心愛的【貓・狗・兔・鼠・鳥】桌伴小寵物！

2023.11月
即將出版！

擬真・可愛・互動！
羊毛氈職人的動物不倒翁

毛起來玩・燕魚◎著
平裝／96頁／21×26cm
彩色／定價420元

作者介紹

毛起來玩工作室 創辦人 燕魚老師

⬛ 粉絲專頁「毛起來玩 燕魚的羊毛窩」
https://www.facebook.com/feltingwoo/

⬛ fishs_wool_house
https://www.instagram.com/fishs_wool_house/

2023 台灣拼布藝術節

台灣拼布藝術節
Taiwan Quilt Festival

雲林 笨港 平安袋著走

11/25（六）
AM9:00~PM16:30

地點：北港水道頭文化園區
雲林縣北港鎮民生路1號

線上報名

公益捐贈小品募集

雲林家扶中心 尺寸：30x30CM

平安袋、袋帶平安、
吉祥祝福的諧音 代代平安
除了個人的平安
也希望能將這個
平安的祝福
能一代傳一代

平安袋作法

壁飾遊街及曬被作品

尺寸：100x100CM　（網路報名）

以「信仰」為出發點
期許相遇雲林 北港 水道頭 見

- 拼布包/衣走秀（網路報名）
- 廠商贊助品摸彩
- 廠商周邊展示

此外，也竭誠邀請地方拼布
教室之負責人帶動著同學一起參與
這有意義的拼布曬被盛事。

指導單位：雲林縣政府
主辦單位：雲林縣笨港文創拼布發展協會、
　　　　　台灣拼布藝術節 Quilt Festival - Taiwan節團隊
　　　　　秀惠拼布工房-周秀惠 代表人
協辦單位：台灣羽織創意美學有限公司、依秌工作室、
　　　　　昶熒企業行、雲林海線縣社區大學、
　　　　　臺灣喜佳股份有限公司

捐贈項目寄送：

主辦單位 周秀惠老師
09325-90080
651雲林縣北港鎮樹腳里武德街23號

f 台灣拼布藝術節

製作方法
COTTON FRIEND 用法指南

作品頁

一旦決定好要製作的作品，請先確認作品編號與作法頁。

作品編號
作法頁面

原寸紙型

原寸紙型共有A‧B‧C‧D面。

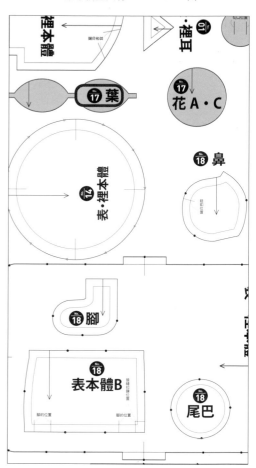

請依作品編號與線條種類尋找所需紙型。
紙型已含縫份，請以牛皮紙或描圖紙複寫粗線使用。

作法頁

翻到作品對應的作法頁面，依指示製作。

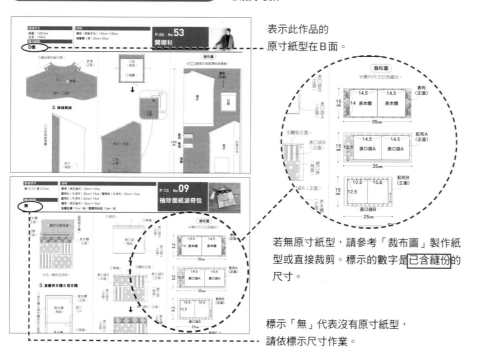

表示此作品的原寸紙型在B面。

若無原寸紙型，請參考「裁布圖」製作紙型或直接裁剪。標示的數字是已含縫份的尺寸。

標示「無」代表沒有原寸紙型，請依標示尺寸作業。

金屬配件的安裝方式

https://www.boutique-sha.co.jp/cf_kanagu/

圖文對照的簡明解說固定釦（鉚釘）、磁釦、彈簧壓釦、四合釦及雞眼釦的安裝方式。※亦收錄於繁體中文版《手作誌54》別冊「手作基礎講義」。

下載紙型

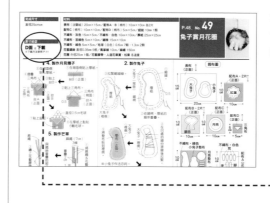

標示下載紙型的作品，可自行使用電腦等下載已含縫份的紙型。印出後即可直接裁切使用。有關紙型下載參照P.11。

完成尺寸

直徑25cm

原寸紙型

D面 或 下載

※下載方法參照 P.11

材料

表布（法蘭絨）20cm×15cm／配布A・B（棉布）10cm×10cm 各2片
配布C（棉布）10cm×10cm／配布D（棉布）5cm×5cm／鈕釦 10mm 1顆
不織布・灰色 15cm×5cm／不織布・白色 10cm×10cm／厚紙 25cm×25cm
不織布・苔綠色 5cm×10cm／鋪棉 15cm×10cm
不織布・綠色 5cm×5cm／毛球（白色）0.6cm 7顆・1.3cm 2顆
花藝鐵絲 直徑0.35mm 5根／風箏線 10cm／麻繩 150cm
花圈 外徑25cm 1個／花藝膠帶、人造花果實、松果 各適量

4. 製作月見糰子

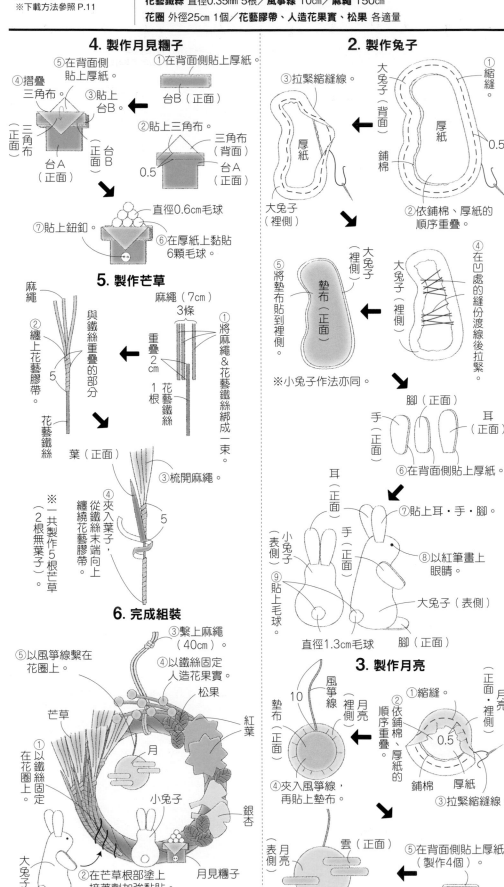

⑤在背面側貼上厚紙。
①在背面側貼上厚紙
④摺疊三角布
③貼上台B
台B（正面）
②貼上三角布。
三角布（背面）
台A（正面）
台B（正面）
⑦貼上鈕釦
直徑0.6cm毛球
⑥在厚紙上黏貼6顆毛球。

5. 製作芒草

麻繩
②纏上花藝膠帶。
麻繩（7cm）3條
重疊2cm
1根花藝鐵絲
與鐵絲重疊的部分
①將麻繩&花藝鐵絲綁成一束。
③梳開麻繩。
④夾入葉子，從鐵絲末端向上纏繞花藝膠帶。
葉（正面）
花藝鐵絲
※一共製作5根芒草（2根無葉子）。

6. 完成組裝

③繫上麻繩（40cm）。
⑤以風箏線繫在花圈上。
④以鐵絲固定人造花果實。
松果
芒草
紅葉
月
小兔子
銀杏
大兔子
①以鐵絲固定在花圈上。
②在芒草根部塗上接著劑加強黏貼。
月見糰子
⑥以接著劑將配件黏於喜歡的位置。

2. 製作兔子

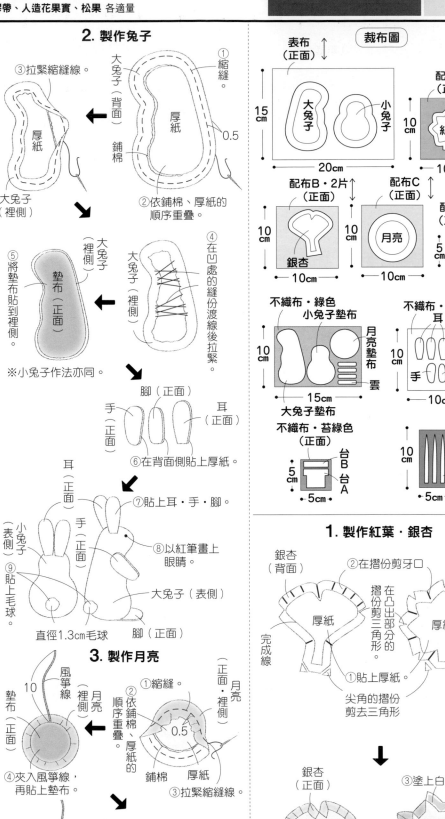

③拉緊縮縫線。
大兔子（背面）
厚紙
鋪棉
大兔子（裡側）
①縮縫。
厚紙
鋪棉
0.5
②依鋪棉、厚紙的順序重疊。
⑤將墊布貼到裡側。
墊布（正面）
大兔子（裡側）
大兔子（裡側）
④在凹處的縫份渡線後拉緊。
※小兔子作法亦同。
腳（正面）
手（正面）
耳（正面）
⑥在背面側貼上厚紙。
耳（正面）
手（正面）
小兔子（表側）
⑦貼上耳・手・腳。
⑧以紅筆畫上眼睛。
⑨貼上毛球。
大兔子（表側）
直徑1.3cm毛球
腳（正面）

3. 製作月亮

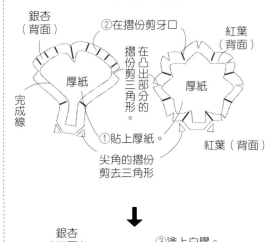

風箏線
墊布（正面）
10
①縮縫
②依鋪棉、厚紙的順序重疊。
月亮（正面・裡側）
0.5
鋪棉
厚紙
③拉緊縮縫線。
④夾入風箏線，再貼上墊布。
⑤在背面側貼上厚紙（製作4個）。
表月亮側
雲（正面）
雲（正面）
⑥貼上雲。

裁布圖

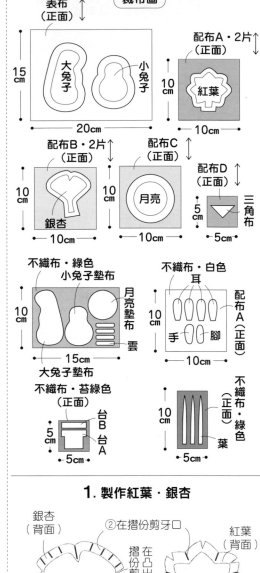

表布（正面）
15cm
大兔子
小兔子
20cm
配布A・B・2片（正面）
10cm
紅葉
10cm
配布B・2片（正面）
10cm
銀杏
10cm
配布C（正面）
10cm
月亮
10cm
配布D（正面）
三角布
5cm
5cm
不織布・綠色 小兔子墊布
10cm
15cm
大兔子墊布
不織布・白色 耳
10cm
手 腳
10cm
配布A（正面）
月亮墊布
雲
月亮墊布
不織布・苔綠色（正面）
5cm
台B 台A
5cm
不織布・綠色（正面）
葉
10cm
5cm

1. 製作紅葉・銀杏

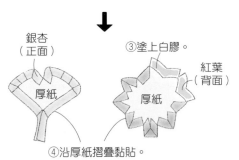

銀杏（背面）
②在摺份剪牙口
紅葉（背面）
在凸出部分的摺份剪三角形
厚紙
厚紙
①貼上厚紙。
完成線
紅葉（背面）
尖角的摺份剪去三角形
銀杏（正面）
③塗上白膠。
紅葉（背面）
厚紙
厚紙
④沿厚紙摺疊黏貼。

完成尺寸	材料
寬42×高29cm （提把58cm）	表布（Tana Lawn絲光棉）95cm×60cm 配布（亞麻布）35cm×10cm
原寸紙型	裡布（帆布）95cm×60cm
A面	接著襯（中薄）90cm×60cm 磁釦（手縫式）10mm 1組

4. 套疊表本體&裡本體

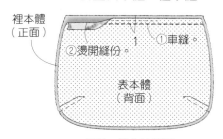

裡本體（正面）
①車縫。
②燙開縫份。
表本體（背面）

※另一組作法亦同。

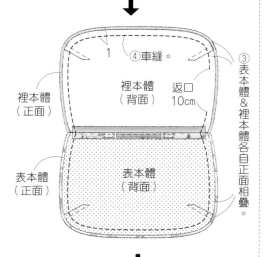

④車縫。
裡本體（背面）
返口10cm
裡本體（正面）
表本體（正面）
表本體（背面）
③表本體&裡本體各自正面相疊。

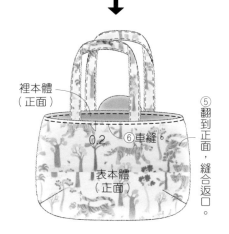

裡本體（正面）
⑤翻到正面，縫合返口。
0.2
⑥車縫。
表本體（正面）

5. 縫上磁釦

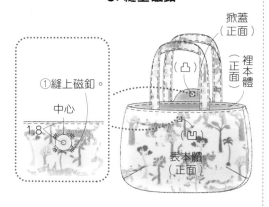

①縫上磁釦。
中心
1.8
掀蓋（正面）
（裡本體（正面）
裡本體（正面）
表本體（正面）

2. 製作表本體

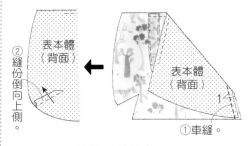

表本體（背面）
②縫份倒向上側。
①車縫。
表本體（背面）

※另一側作法亦同。
※另一片表本體作法亦同。

3. 製作裡本體

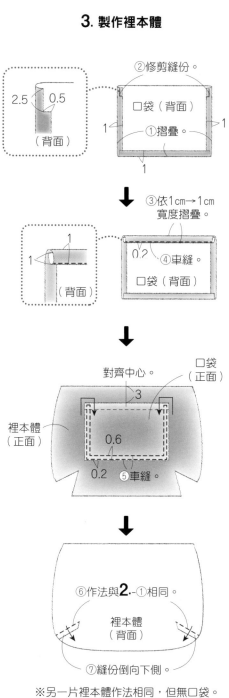

②修剪縫份。
2.5　0.5
（背面）
口袋（背面）
1　①摺疊。　1
1

③依1cm→1cm寬度摺疊。

1
1
0.2
④車縫。
口袋（背面）
（背面）

對齊中心。
口袋（正面）
3
裡本體（正面）
0.6
0.2　⑤車縫。

⑥作法與**2.**-①相同。
裡本體（背面）
⑦縫份倒向下側。

※另一片裡本體作法相同，但無口袋。

裁布圖

※提把&口袋無原寸紙型，請依標示尺寸（已含縫份）直接裁剪。
※ [ ] 處需於背面燙貼接著襯。

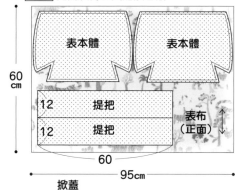

60cm
表本體　表本體
12　提把
12　提把
表布（正面）
60
95cm

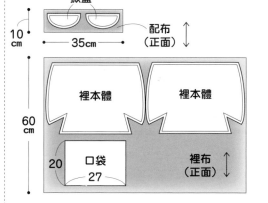

掀蓋
10cm
配布（正面）
35cm

裡本體　裡本體
60cm
20　口袋
27
裡布（正面）
90cm

1. 安裝提把&掀蓋

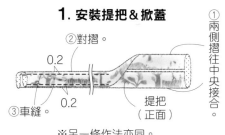

①兩側摺往中央接合。
②對摺。
0.2
③車縫。
0.2
提把（正面）

※另一條作法亦同。

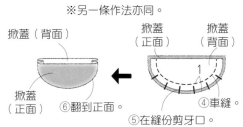

掀蓋（背面）
掀蓋（正面）　掀蓋（背面）
1
④車縫。
⑥翻到正面。
掀蓋（正面）
⑤在縫份剪牙口。

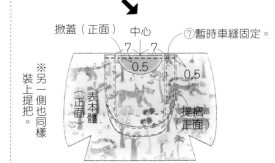

掀蓋（正面）　中心　⑦暫時車縫固定。
7　7
0.5　0.5
表本體（正面）
提把（正面）
※另一側也同樣裝上提把。

65

完成尺寸
寬36×高25×側身8cm

原寸紙型
A面

材料
表布（Tana Lawn絲光棉）90cm×30cm／配布（亞麻布）60cm×50cm
裡布（棉布）90cm×60cm
接著襯（中薄）90cm×30cm
鋪棉（極薄）65cm×25cm

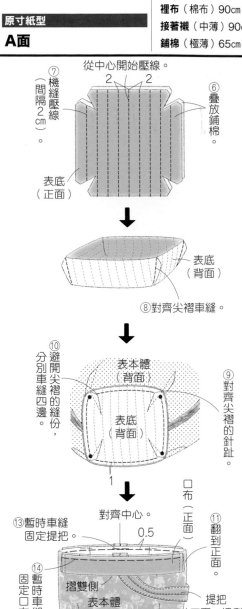

⑦從中心開始壓線。
⑦（機縫壓線）（間隔2cm）
2　2
⑥疊放鋪棉。
表底（正面）

表底（背面）
⑧對齊尖褶車縫。

⑩避開尖褶的縫份，分別車縫四邊。
表本體（背面）
表底（背面）
⑨對齊尖褶的針趾。
1

⑬暫時車縫固定提把。
對齊中心。
0.5
⑪翻到正面。
⑭固定暫時車縫口布。
摺雙側
表本體（正面）0.2
提把（正面・裡側）
⑫縫份倒向表本體側，車縫。
表底（正面）
口布（正面）

4. 製作裡本體

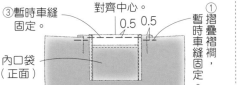

③暫時車縫固定。
對齊中心。
0.5　0.5
①摺疊褶襉，暫時車縫固定。
內口袋（正面）
裡本體（背面）
②將褶襉對摺，車縫（縫份倒向內側）。

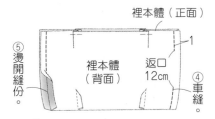

⑤燙開縫份。
裡本體（背面）
返口12cm
④車縫。
裡本體（正面）

⑥依**3.**-⑧至⑩車縫裡本體&裡底。
⑦依**3.**-⑫車縫（縫份倒向裡本體側）。

【提把】

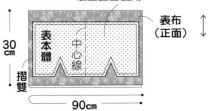

③疊放鋪棉。
④摺疊車縫並0.2
提把（背面）
②展開摺痕。
①摺疊
3
提把（背面）
40
1
10
1　1

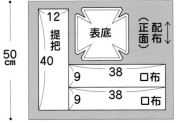

（正面・裡側）
⑥摺疊。
5
0.2　0.2
提把（正面）
⑦車縫
⑤重新摺疊
1

【口布】

①依0.7cm→0.8cm寬度三摺邊車縫。
口布（背面）
0.7
0.2　0.8

口布（正面）
穿繩口
②對摺。
穿繩口
0.5
③暫時車縫固定。
※另一片作法亦同。

3. 製作表本體

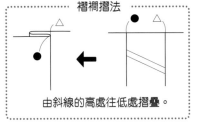

褶襉摺法
由斜線的高處往低處摺疊。

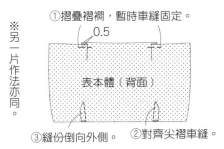

①摺疊褶襉，暫時車縫固定。
0.5
表本體（背面）
③縫份倒向外側。
②對齊尖褶車縫。

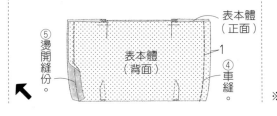

※另一片作法亦同。

⑤燙開縫份。
表本體（背面）
④車縫。
表本體（正面）
1

裁布圖

※束口繩、內口袋、口布及提把無原寸紙型，請依標示尺寸（已含縫份）直接裁剪。
※□處需於背面燙貼接著襯。
紙型翻面使用。

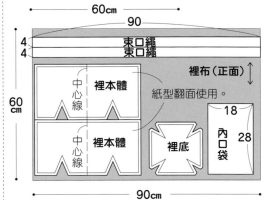

30cm
表本體
中心線
表布（正面）
摺雙
90cm

12
提把40
表底
正面 配布
9　38　口布
9　38　口布
50cm
60cm

90
4　束口繩
4　束口繩
裡布（正面）
中心線
裡本體
紙型翻面使用。
60cm
中心線
裡本體
裡底
18
內口袋
28
90cm

1. 製作內口袋

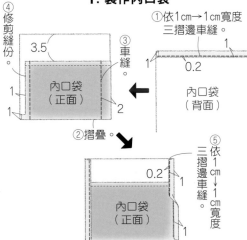

④修剪縫份
3.5
③車縫。
1
內口袋（正面）
1
2
1
②摺疊。
①依1cm→1cm寬度三摺邊車縫。
內口袋（背面）
0.2
1

0.2
內口袋（正面）
1
⑤依1cm→1cm寬度三摺邊車縫。

2. 製作束口繩、提把、口布

【束口繩】

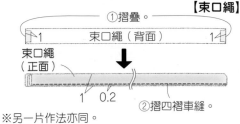

①摺疊。
1　束口繩（背面）　1
束口繩（正面）
1　0.2
②摺四褶車縫。
※另一片作法亦同。

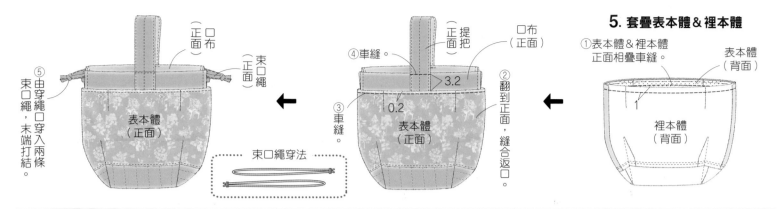

5. 套疊表本體＆裡本體

① 表本體＆裡本體正面相疊車縫。

表本體（背面）

裡本體（背面）

1

④車縫。

（正面）口布

⑤ 由穿繩口穿入兩條束口繩，末端打結。

束口繩（正面）

（正面）口布

（正面）束口繩

（正面）提把

（正面）口布

④車縫。

3.2

0.2

③車縫。

②翻到正面，縫合返口。

表本體（正面）

表本體（正面）

束口繩穿法

完成尺寸	材料	
寬18×高11×側身5cm	表布（Tana Lawn絲光棉）25cm×35cm	**P.06_ No.07**
原寸紙型	裡布（棉布）25cm×35cm／配布（棉布）15cm×20cm	**有點像貓的波奇包**
無	鋪棉 25cm×35cm	
	塑膠四合釦 9mm 1組	

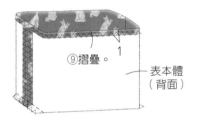

⑨摺疊。

1

表本體（背面）

※依④至⑨製作裡本體。

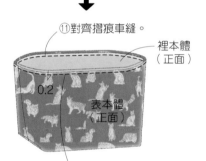

⑪對齊摺痕車縫。

裡本體（正面）

0.2

表本體（正面）

⑩表本體翻到正面，將裡本體放入。

3. 接縫釦絆

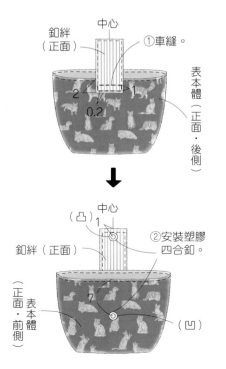

釦絆（正面）

中心

①車縫。

2

0.2

1

表本體（正面・後側）

中心

（凸）

1

釦絆（正面）

②安裝塑膠四合釦。

7

（正面）表本體（正面・前側）

（凹）

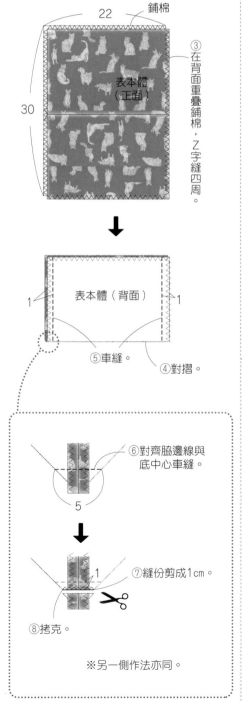

22

鋪棉

30

表本體（正面）

③在背面重疊鋪棉，Z字縫四周。

1

表本體（背面）

1

⑤車縫。

④對摺。

⑥對齊脇邊線與底中心車縫。

5

1

⑦縫份剪成1cm。

⑧拷克。

※另一側作法亦同。

裁布圖

※標示尺寸已含縫份。

裡布（正面）

表布（正面）

35cm

裡本體

30

22

25cm

35cm

圖案方向

22

表本體 16

底

表本體 16

底

25cm

釦絆

配布（正面）

20cm

16

10

15cm

1. 製作釦絆

釦絆（正面）

②兩側摺往中央接合。

1

釦絆（背面）

1

①摺疊。

③對摺。

釦絆（正面）

0.2

0.2

④車縫。

釦絆（正面）

2. 製作本體

表本體（正面）

表本體（背面）

①車縫。

②燙開縫份。

對齊底側

1

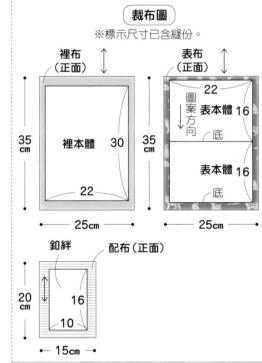
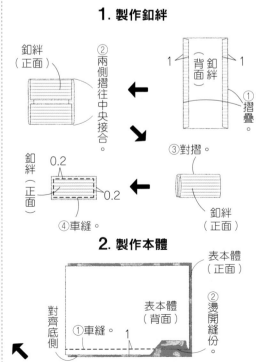

完成尺寸
寬15×高10×側身7.6cm

原寸紙型
A面 或 **下載**
※下載方法參照P.11。

材料
表布（11號帆布）50cm×20cm
配布（棉麻）40cm×25cm
裡布（棉布）90cm×30cm
雙開金屬拉鍊 30cm 1條

裁布圖

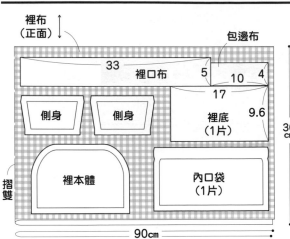

裡布（正面）
包邊布
33　裡口布　5　10　4
17
側身　側身
裡底（1片）　9.6
摺雙　裡本體　內口袋（1片）
30cm
90cm

※除了表·裡本體、側身及內口袋之外皆無原寸紙型，請依標示尺寸（已含縫份）直接裁剪。

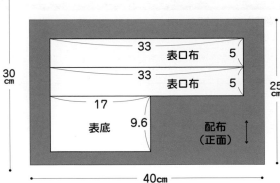

33　表口布　5
33　表口布　5
17
表底　9.6
配布（正面）
25cm
40cm

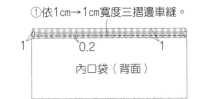

拉鍊拉片
表布（正面）
7
3
摺雙　表本體
7耳絆
3.5
20cm
50cm

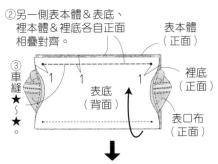

⑥暫時車縫固定。
⑤翻到正面。
表本體（正面）
表口布（正面）
裡本體（正面）
0.5

5. 車縫底部

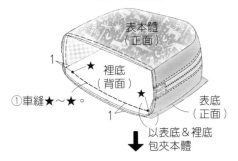

表本體（正面）
裡底（背面）
①車縫★～★。
1　★　★　1
表底（正面）
以表底&裡底包夾本體

②另一側表本體&表底、裡本體&裡底各自正面相疊對齊。
③車縫★～★。
表本體（正面）
1　1　1
裡底（背面）
表底（背面）
裡底（正面）

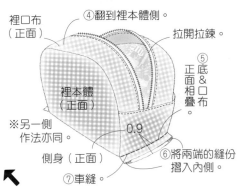

④翻到裡本體側。
裡口布（正面）
拉開拉鍊。
⑤底&口相疊
裡本體（正面）
0.9
※另一側作法亦同。
側身（正面）
⑦車縫。
⑥將兩端的縫份摺入內側。

---

3. 製作口布

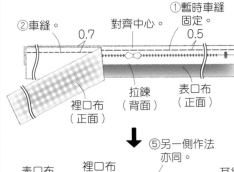

②車縫　0.7
對齊中心。
①暫時車縫固定。0.5
裡口布（正面）
拉鍊（背面）
表口布（正面）

⑤另一側作法亦同。

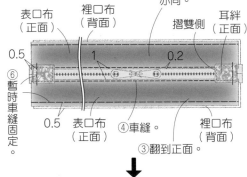

表口布（正面）
裡口布（背面）
摺雙側
耳絆（正面）
0.5　1　0.2
⑥暫時車縫固定。
0.5　表口布（正面）　④車縫。　裡口布（背面）
③翻到正面。

⑦暫時車縫固定。
0.5
側身（正面）
對齊邊端
裡口布（正面）
裡口布（正面）
0.5

4. 製作本體

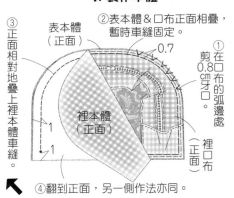

③正面相對地疊上裡本體車縫。
表本體（正面）
②表本體&口布正面相疊，暫時車縫固定。
0.7
①在口布的弧邊處剪0.8cm牙口。
1
裡本體（正面）
1
裡口布（正面）
④翻到正面，另一側作法亦同。

---

1. 製作內口袋

①依1cm→1cm寬度三摺邊車縫。

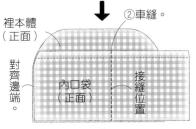

1　0.2　1
內口袋（背面）

裡本體（正面）
②車縫
對齊邊端
內口袋（正面）
接縫位置

③摺疊褶襉。
裡本體（正面）
④暫時車縫固定。
內口袋（正面）
0.5

褶襉的摺法參照P.66。

2. 製作側身&耳絆

【側身】

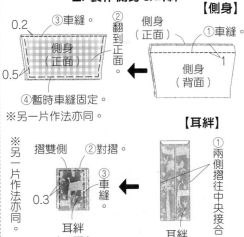

0.2　③車縫。
側身（正面）
①車縫
側身（正面）
翻到正面。
側身（背面）
0.5　1
④暫時車縫固定。
※另一片作法亦同。

【耳絆】

摺雙側　②對摺。
①兩側摺往中央接合。
耳絆（正面）
0.3
③車縫
耳絆（正面）
耳絆（正面）
※另一片作法亦同。

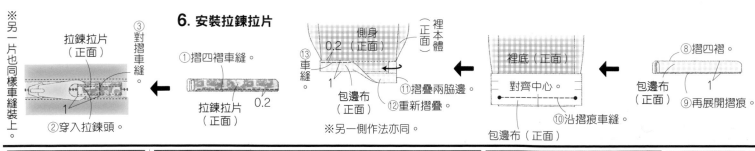

6. 安裝拉鍊拉片

※另一片也同樣車縫裝上。

拉鍊拉片（正面）

③對摺車縫。

①摺四褶車縫。

②穿入拉鍊頭。

拉鍊拉片（正面）

0.2

側身（正面）

裡本體（正面）

0.2

⑬車縫。

包邊布（正面）

⑪摺疊兩脇邊。

⑫重新摺疊。

※另一側作法亦同。

裡底（正面）

對齊中心。

包邊布（正面）

⑩沿摺痕車縫。

裡本體（正面）

⑧摺四褶。

包邊布（正面）

⑨再展開摺痕。

1

完成尺寸	材料	P.21_ No.**25** 支架口金 縫紉波奇包
寬20×高19×側身12cm	表布（11號帆布）40cm×55cm	
原寸紙型	裡布（Tana Lawn絲光棉）40cm×60cm	
無	拉鍊金屬尾夾 2個／雙開拉鍊 40cm 1條	
	支架口金（寬18cm 高6cm）1組／布標 5cm×1.5cm 1片	

P.21_ No.25 支架口金 縫紉波奇包

---

4. 套疊表本體&裡本體

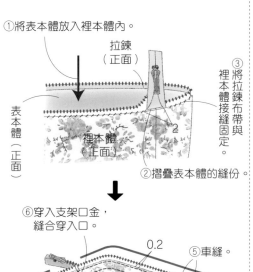

①將表本體放入裡本體內。

拉鍊（正面）

③將拉鍊布帶接縫固定與裡本體

表本體（正面）

裡本體（正面）

②摺疊表本體的縫份。

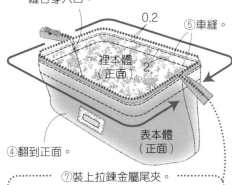

⑥穿入支架口金，縫合穿入口。

0.2

⑤車縫。

裡本體（正面）

2

表本體（正面）

④翻到正面。

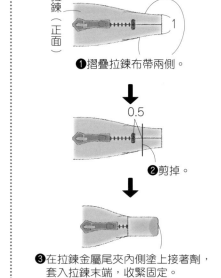

⑦裝上拉鍊金屬尾夾。

拉鍊（正面）

1

❶摺疊拉鍊布帶兩側。

0.5

❷剪掉。

❸在拉鍊金屬尾夾內側塗上接著劑，套入拉鍊末端，收緊固定。

※另一端作法亦同。

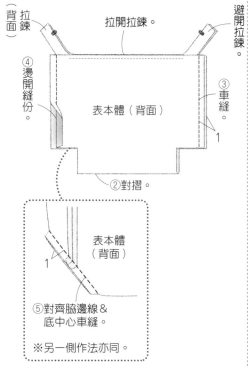

拉開拉鍊。

拉鍊（背面）

避開拉鍊。

④燙開縫份。

表本體（背面）

③車縫。

1

②對摺

表本體（背面）

1

⑤對齊脇邊線&底中心車縫。

※另一側作法亦同。

3. 製作裡本體

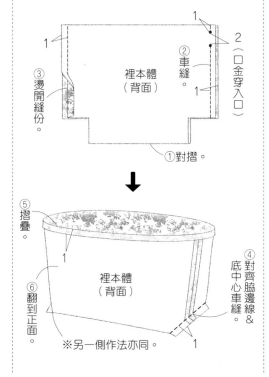

1

②車縫。

2（口金穿入口）

1

③燙開縫份。

裡本體（背面）

①對摺。

⑤摺疊。

⑥翻到正面。

裡本體（背面）

④對齊脇邊線&底中心車縫。

1

※另一側作法亦同。

裁布圖

※標示尺寸已含縫份。

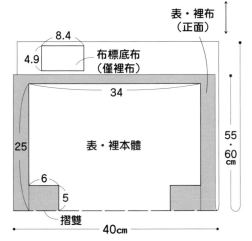

表・裡布（正面）

8.4

4.9

布標底布（僅裡布）

34

25

表・裡本體

55・60cm

6

5

摺雙

40cm

1. 縫上布標

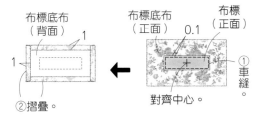

布標底布（背面）

1

1

②摺疊。

布標底布（正面）

0.1

布標（正面）

①車縫。

對齊中心。

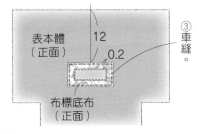

對齊中心。

表本體（正面）

12

0.2

③車縫。

布標底布（正面）

2. 製作表本體

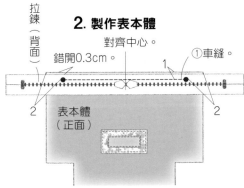

拉鍊（背面）

對齊中心。

錯開0.3cm

①車縫。

1

2

2

表本體（正面）

※另一側作法亦同。

材料
表布（Tana Lawn絲光棉）50cm×25cm／緞帶A 寬1cm 長10cm
裡布（密織平紋布）50cm×20cm／鋪棉 50cm×20cm
接著鋪棉 20cm×20cm／棉繩 粗0.6cm 長55cm
緞帶B 寬1cm 長35cm／FLATKNIT拉鍊 20cm 1條
珠鏈 粗0.3cm 長15cm

P.06_ No.06
**綿羊造型的
貴賓犬波奇包**

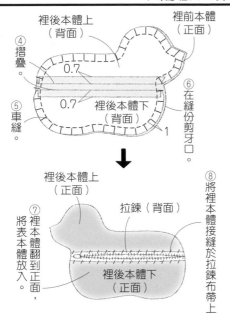

裡後本體上（背面）
裡前本體（正面）
④摺疊
0.7
0.7
⑤車縫。
裡後本體下（背面）
⑥在縫份剪牙口。
1

裡後本體上（正面）
⑧將裡本體接縫於拉鍊布帶上。
⑦將表本體翻到正面放入，裡本體翻到正面，
拉鍊（背面）
裡後本體下（正面）

6. 完成

緞帶A（正面）
③穿上珠鏈。
①翻到正面。
表前本體（正面）

②接縫緞帶B。
1
緞帶B（15cm）
❶重疊1cm，接縫於表前本體。

❷重疊1cm。
緞帶B（9cm）
❸捲繞中間固定。
緞帶B（4cm）
❹縫上緞帶。

---

3. 製作耳朵＆尾巴

〈耳朵〉

⑤縫合切口。
③在裡耳側剪切口。
表耳（正面）
①車縫。
1
②裡耳（背面）
1
裡耳（正面）
0.5
②修剪縫份並剪牙口。
④從切口翻到正面。
※另一隻耳朵作法亦同。

〈尾巴〉
尾巴（正面）
③翻到正面。
①車縫。
1
0.5
尾巴（正面）
尾巴（背面）
尾巴（正面）
④縮縫後拉緊縫線。
2cm
②修剪縫份，在弧邊處剪牙口。

4. 接縫耳朵、尾巴及腳

②車縫壓線。
對摺緞帶A（6cm）。
表耳（正面）
0.1
0.5
兩端打結。
0.5
腳
①暫時車縫固定尾巴、腳及緞帶A。
表前本體（正面）
正面尾巴
0.5
0.5
對摺棉繩（26cm）。

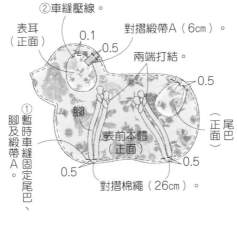

表耳（正面）
0.1
③車縫。
表後本體上（正面）
表後本體下（正面）

5. 套疊表本體＆裡本體

表前本體（正面）
①車縫。
1
表後本體（背面）
下止側
③剪去多餘部分。
剪牙口。
②在縫份剪牙口。
表後本體下（背面）
拉開拉鍊

※ ▨ 處需於背面燙貼接著鋪棉。
※ ── 處將紙型翻面使用。

25cm
表布（正面）
表前本體
尾巴
表後本體上
表後本體下
表耳 裡耳 裡耳 表耳
50cm

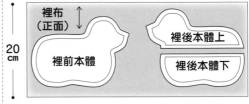

20cm
裡布（正面）
裡前本體
裡後本體上
裡後本體下
50cm

---

1. 暫時車縫固定鋪棉

0.5
①暫時車縫固定。
表後本體上（背面）
鋪棉
※表前本體＆表後本體下也在背面暫時車縫固定鋪棉。

2. 接縫拉鍊

0.7
①車縫。
拉鍊（背面）
對齊邊端
表後本體上（正面）
上止側

表後本體上（正面）
②翻到正面車縫。
0.2
表後本體下（正面）
③另一側也同樣接縫拉鍊。

完成尺寸
寬33×高15cm

原寸紙型
A面

材料
表布（牛津布）30cm×20cm／**金屬拉鍊** 25cm 1條
配布A（牛津布）15cm×15cm 8片／**D型環** 15mm 2個
配布B（牛津布）5cm×40cm 4片
裡布（11號帆布）40cm×40cm／**接著襯**（厚）80cm×35cm
問號鉤 15mm 2個／**日型環** 15mm 1個／**布標** 1片

P.12_ No.**08**
斜背隨行包

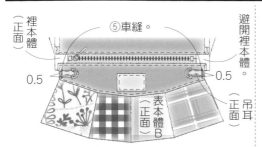

4. 套疊表本體B＆裡本體

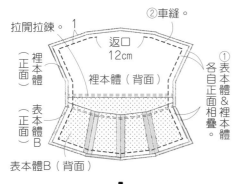

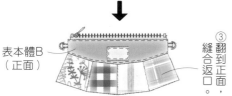

5. 製作肩背繩

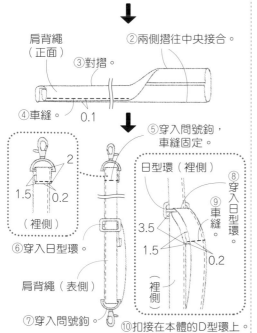

①拼縫4片肩背繩布，燙開縫份。

②兩側摺往中央接合。

③對摺。

④車縫。0.1

⑤穿入問號鉤，車縫固定。

⑥穿入日型環。

⑦穿入問號鉤。

⑧穿入日型環。
⑨車縫。

⑩扣接在本體的D型環上。

---

⑤縫份倒向表本體A側。

⑥車縫。表本體A（正面）0.1 表本體B（正面）

※另一側作法亦同。

2. 接縫拉鍊

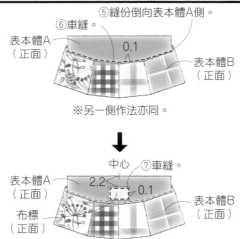

中心 ⑦車縫。
表本體A（正面）2.2 0.1 表本體B（正面）
布標（正面）

對齊中心。
②暫時車縫固定
上止側 拉鍊（背面）0.5 0.5
⑩收摺拉鍊兩端。
表本體A（正面） 表本體B（正面）

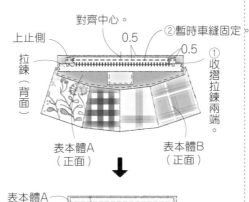

表本體A（正面）0.7 ③車縫。
裡本體（背面）

裡本體（正面）
④縫份倒向口布側車縫。
避開裡本體。
表本體A（正面）0.1 表本體B（正面）

※另一側作法亦同。

3. 接縫吊耳

吊耳（正面）
②對摺。
①兩側摺往中央接合。
④穿入D型環後對摺。
③車縫。
0.1 0.1
D型環

※另一個作法亦同。

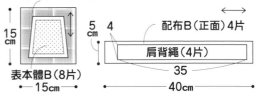

表布（正面）
20cm 表本體A 表本體A
5 5 5 5
吊耳
30cm

配布A（正面）8片
15cm

5cm 4
配布B（正面）4片
肩背繩（4片）
35
40cm

表本體B（8片）15cm

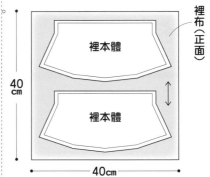
裡布（正面）
40cm 裡本體 裡本體
40cm

1. 製作表本體B

Point! 先想好如何配置圖案再拼縫

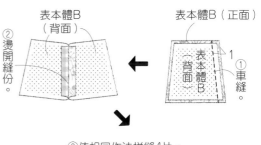

表本體B（背面）
②燙開縫份。
①車縫。
表本體B（正面）1

③依相同作法拼縫4片。

表本體B（背面）

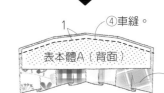
表本體A（背面）1 ④車縫。表本體B（正面）

完成尺寸	材料
寬12.3×高12.5cm	表布（棉亞麻布）35cm×15cm
	配布A（牛津布）35cm×15cm／配布B（牛津布）25cm×15cm
原寸紙型	配布C（牛津布）20cm×15cm
無	裡布（棉亞麻布）35cm×15cm
	金屬拉鍊 12cm 1條／塑膠四合釦 13mm 1組

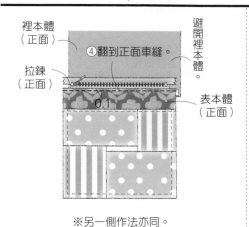

裡本體（正面）
④翻到正面車縫。
避開裡本體。
拉鍊（正面）
0.1
表本體（正面）

※另一側作法亦同。

3. 套疊表本體&裡本體

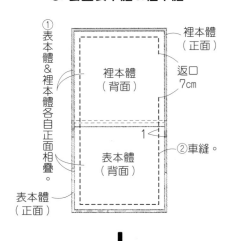

①表本體&裡本體各自正面相疊。
裡本體（正面）
裡本體（背面）
返口7cm
1
表本體（背面）
②車縫。
表本體（正面）

③翻到正面，縫合返口。

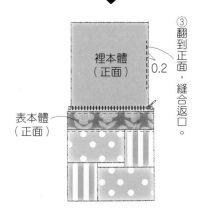

裡本體（正面）
0.2
表本體（正面）

4. 安裝塑膠四合釦

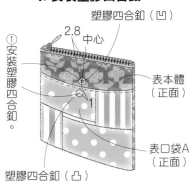

①安裝塑膠四合釦。
塑膠四合釦（凹）
2.8 中心
表本體（正面）
1
表口袋A（正面）
塑膠四合釦（凸）

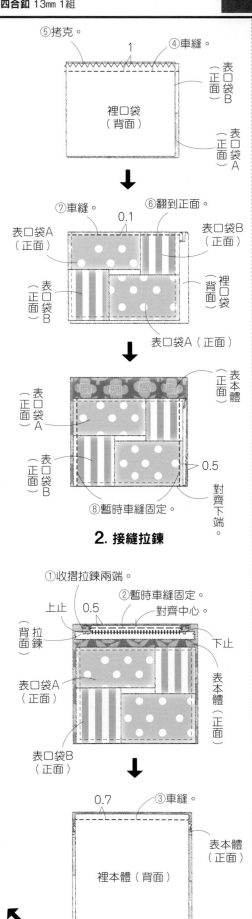

⑤拷克。
1
④車縫。
裡口袋（背面）
表口袋B（正面）
表口袋A（正面）

⑦車縫。
0.1
⑥翻到正面
表口袋A（正面）
表口袋B（正面）
表口袋B（正面）
裡口袋（背面）
表口袋A（正面）

表口袋A（正面）
表口袋B（正面）
表口袋A（正面）
0.5
⑧暫時車縫固定。
對齊下端。

2. 接縫拉鍊

①收摺拉鍊兩端。
②暫時車縫固定。
對齊中心。
上止 0.5
背面 拉鍊
下止
表口袋A（正面）
表本體（正面）
表口袋B（正面）

0.7
③車縫。
裡本體（背面）
表本體（正面）

裁布圖
※標示尺寸已含縫份。

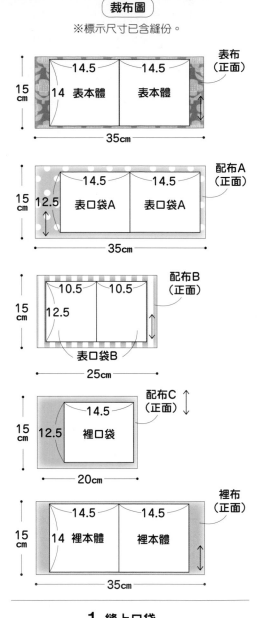

表布（正面）
14.5　14.5
15cm
14　表本體　表本體
35cm

配布A（正面）
14.5　14.5
15cm　12.5
表口袋A　表口袋A
35cm

配布B（正面）
10.5　10.5
15cm　12.5
表口袋B
25cm

配布C（正面）
14.5
15cm　12.5
裡口袋
20cm

裡布（正面）
14.5　14.5
15cm
14　裡本體　裡本體
35cm

1. 縫上口袋

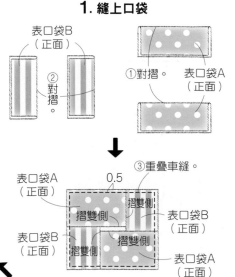

表口袋B（正面）
②對摺
①對摺。
表口袋A（正面）

③重疊車縫。
0.5
摺雙側
表口袋A（正面）
表口袋B（正面）
表口袋B（正面）
摺雙側
摺雙側
表口袋A（正面）

完成尺寸	材料
寬20.5×高13.5cm	表布A（牛津布）25cm×20cm／表布B（牛津布）25cm×20cm 裡布A（平織布）25cm×35cm／裡布B（平織布）25cm×35cm 配布A（牛津布）20cm×20cm／配布B（牛津布）25cm×30cm 配布C（棉麻）25cm×30cm／接著襯（中厚）65cm×35cm 金屬拉鍊 20cm 2條／塑膠四合釦 13mm 1組

原寸紙型

C面

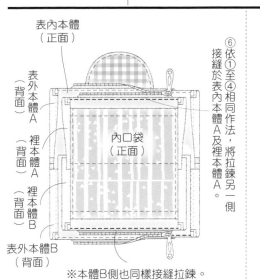

⑥依①至④相同作法，將拉鍊另一側接縫於表內本體A及裡本體A。

表內本體（正面）
表外本體A（背面）
裡本體A（背面）
裡本體B（背面）
內口袋（正面）
表外本體B（背面）

※本體B側也同樣接縫拉鍊。

5. 車縫本體

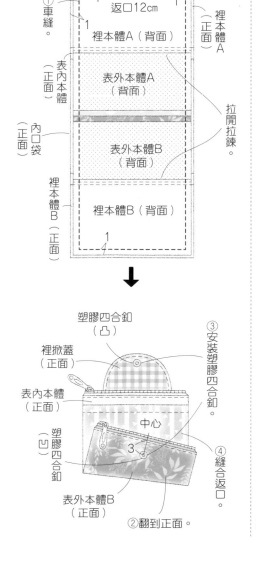

①車縫。
返口12cm
裡本體A（背面）
裡本體A（正面）
表內本體（正面）
表外本體A（背面）
內口袋（正面）
拉開拉鍊。
表外本體B（背面）
裡本體B（背面）

塑膠四合釦（凸）
裡掀蓋（正面）
表內本體（正面）
塑膠四合釦（凹）
中心
③安裝塑膠四合釦。
表外本體B（正面）
④縫合返口。
②翻到正面。

3. 製作表外本體

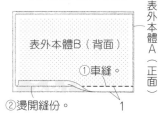

表外本體B（背面）
表外本體A（正面）
①車縫。
②燙開縫份。

4. 接縫拉鍊

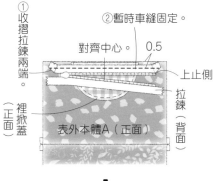

①收摺拉鍊兩端。
②暫時車縫固定。
對齊中心。 0.5
上止側
拉鍊（背面）
裡掀蓋（正面）
表外本體A（正面）

0.7
③車縫。
裡本體A（背面）
表外本體A（正面）

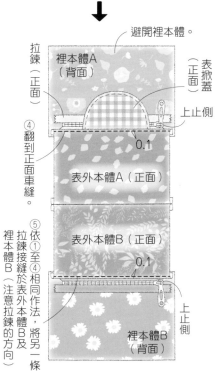

避開裡本體。
拉鍊（正面）
裡本體A（背面）
裡掀蓋（正面）
上止側
④翻到正面車縫。
0.1
表外本體A（正面）
表外本體B（正面）
0.1
裡本體B（背面）
上止側
依①至④相同作法，將另一條拉鍊接縫於表外本體B及裡本體B（注意拉鍊的方向）。

裁布圖

※除了表·裡掀蓋之外皆無原寸紙型，請依標示尺寸（已含縫份）直接裁剪。
※ ▨ 處需於背面沿完成線燙貼接著襯。

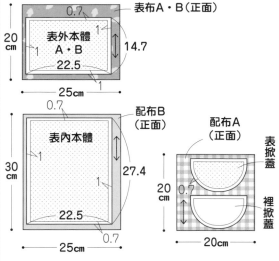

表布A·B（正面）
0.7
20cm
1
表外本體 A·B
14.7
22.5
25cm
1

配布B（正面）
0.7
30cm
1
表內本體
27.4
1
22.5
25cm
0.7

配布A（正面）
表掀蓋
20cm
0.7
裡掀蓋
20cm

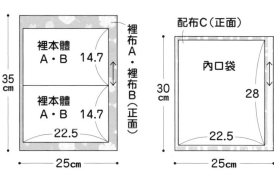

裡本體A·B（正面）
35cm
裡本體 A·B 14.7
裡布A·裡布B（正面）
裡本體 A·B 14.7
22.5
25cm

配布C（正面）
內口袋
30cm
28
22.5
25cm

1. 縫上內口袋

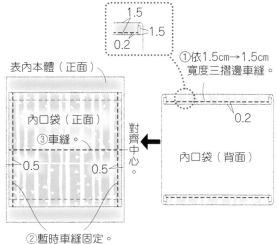

1.5
1.5
0.2
①依1.5cm→1.5cm寬度三摺邊車縫。
表內本體（正面）
內口袋（正面）
③車縫。
0.5 0.5
0.2
內口袋（背面）
對齊中心
②暫時車縫固定。

2. 製作掀蓋

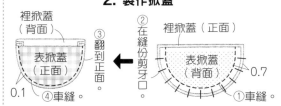

裡掀蓋（背面）
裡掀蓋（正面）
②在縫份剪牙口。
③翻到正面。
表掀蓋（正面）
表掀蓋（背面）
0.7
0.1
④車縫。
①車縫。

完成尺寸
寬11×高11.5cm

圓弧邊紙型
P.74

材料
表布（斜紋布）30cm×30cm
裡布（牛津布）40cm×35cm
塑膠四合釦 9mm・13mm 各1組

P.14_ No.11
零錢分離小錢包

---

3. 套疊表本體＆裡本體

② 在弧邊處＆角的位置剪V字牙口。

注意別剪到口袋。

④ 燙開縫份。

① 車縫。

裡本體（正面）　表本體（背面）

③ 剪去邊角。

返口 6cm

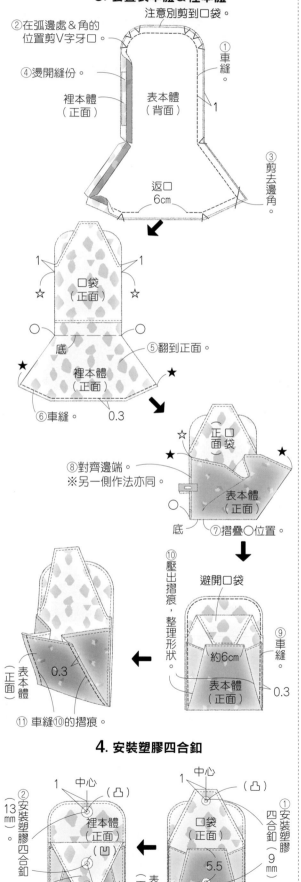

1　1

口袋（正面）　☆　☆

底　⑤ 翻到正面。

裡本體（正面）　★　★

⑥ 車縫。　0.3

⑧ 對齊邊端。
※另一側作法亦同。

☆　正面 口袋

底　★　★

表本體（正面）

⑦ 摺疊○位置。

⑩ 壓出摺痕，整理形狀。

避開口袋

約6cm

⑨ 車縫。

表本體（正面）　0.3

表本體（正面）　0.3

⑪ 車縫⑩的摺痕。

4. 安裝塑膠四合釦

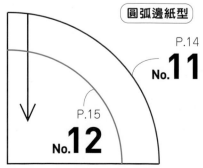

1　中心　（凸）

② 安裝塑膠四合釦 13mm。

裡本體（正面）（凹）

1　中心　（凸）

① 安裝塑膠四合釦 9mm。

口袋（正面）

表本體（正面）（凹）

5.5

口袋（正面）　3.5

裁布圖
※標示尺寸已含縫份。

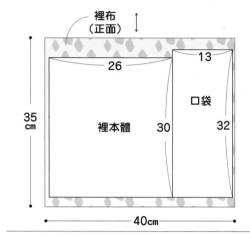

裡布（正面）

26　13

35cm

裡本體 30　口袋 32

40cm

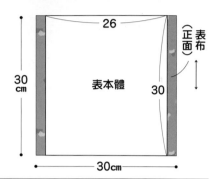

26

表布（正面）

30cm

表本體 30

30cm

掃QR Code 看作法影片！

https://onl.bz/JAcTAwN

---

④ 剪掉。

⑤ 在角的位置剪V字牙口。

③ 車縫完成線。

0.5

口袋（背面）

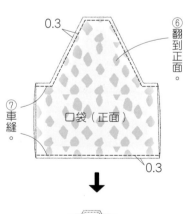

0.3

⑥ 翻到正面。

⑦ 車縫。

口袋（正面）

0.3

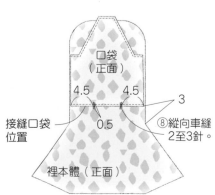

口袋（正面）

4.5　4.5

3

接縫口袋位置　0.5

⑧ 縱向車縫2至3針。

裡本體（正面）

---

1. 裁剪本體

6.5

表本體（背面）

接縫口袋紙型　圓弧邊紙型

① 對摺。

② 作記號。

3

12

3

③ 依記號裁剪。

※裡本體裁法相同。

2. 縫上口袋

1.5　中心　1.5　1

1.5

8

口袋（背面）

① 對摺。

② 加上完成線記號。

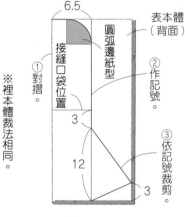

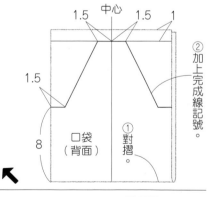

圓弧邊紙型
P.14
No.11

P.15
No.12

完成尺寸	材料
直徑11×側身7cm	表布（棉布）30cm×20cm／配布（棉布）15cm×50cm
	裡布（棉布）30cm×50cm
原寸紙型	金屬拉鍊 30cm 1條／D型環 10mm 1個
A面	四摺包邊斜布條 寬11mm 長85cm
	皮條 寬1.5cm 長30cm／問號鉤 15mm 1個
	雙面固定釦（面徑8mm 腳長8mm）1組

P.16_ No.14
附手腕帶 圓形波奇包

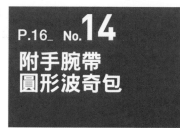

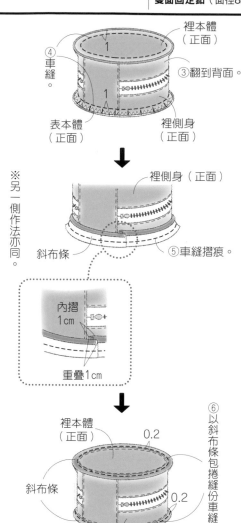

④ 車縫。

裡本體（正面） 1

③翻到背面。

表本體（正面）　裡側身（正面）

※另一側作法亦同。

裡側身（正面）

斜布條

⑤車縫摺痕。

內摺1cm

重疊1cm

裡本體（正面）　0.2

斜布條

⑥以斜布條包捲縫份車縫。

0.2

裡側身（正面）

裁布圖

裡布（正面）

5.5　裡背布 9

裡側身

裡本體中心

8.6　8.6

裡本體

50cm

33

4.7 4.7

30cm

配布（正面）

5.5　表背布 9

表側身

表本體中心

8.6　8.6

50cm

33

4.7 4.7

15cm

表布（正面）

5　4 吊耳

20cm

表本體　表本體

30cm

※除了表．裡本體之外皆無原寸紙型，請依標示尺寸（已含縫份）直接裁剪。
※ I 處需作合印記號。

1. 製作吊耳

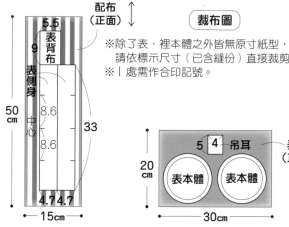

吊耳（正面）

②對摺。

0.1

0.1

③車縫。

①兩側摺往中央接合。

吊耳（正面）

④穿入D型環後對摺。

D型環

2. 接縫拉鍊

0.5　對齊中心。

拉鍊（背面）

①暫時車縫固定。

表側身（正面）

表側身（正面）　0.7

②車縫。

拉鍊（背面）

裡側身（背面）

表側身（正面）　0.2

拉鍊（正面）

③另一側作法亦同。

裡側身（背面）

⑤車縫。　0.2

④翻到正面。

3. 對齊側身＆背布

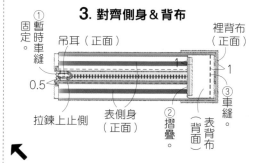

①暫時車縫固定。

吊耳（正面）

裡背布（正面）

0.5

拉鍊上止側

表側身（背面）

②摺疊

1 1

③車縫。

表背布

避開表背布。

裡背布（正面）

①

④車縫。

表背布（正面）

表側身（正面）

吊耳（正面）

⑤縫份倒向背布側。

裡背布（背面）

裡側身（正面）

⑥車縫。　0.2

表側身（正面）

表背布（正面）

4. 對齊表本體＆裡本體

裡本體（背面）

表本體（正面）

①車縫。　0.5

※另一側片作法亦同。

5. 對齊側身＆本體

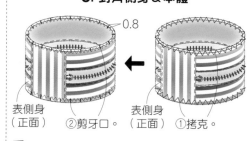

0.8

表側身（正面）　②剪牙口。

表側身（正面）　①拷克。

6. 安裝手腕帶

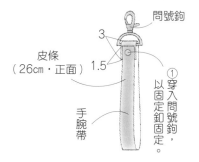

問號鉤

3

皮條（26cm・正面）　1.5

①以固定釦固定，穿入問號鉤固定。

手腕帶

※固定釦的安裝方式參照P.80。

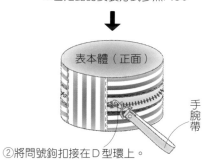

表本體（正面）

手腕帶

②將問號鉤扣接在D型環上。

蓬蓬感波奇包

完成尺寸	材料
寬20×高12×側身4cm	表布（Viyella）30cm×30cm
	配布（Viyella）20cm×30cm
圓弧邊紙型	裡布（Viyella）30cm×30cm／**接著襯**（薄）45cm×30cm
P.74	間號鉤 13mm 1個／**D型環** 15mm 1個
	塑膠四合釦 13mm 1組

4. 製作掀蓋

②使用P.74的圓弧邊紙型繪製弧邊。

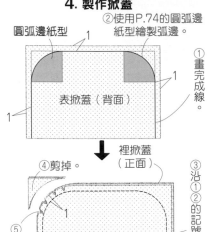

圓弧邊紙型　1
表掀蓋（背面）　1
①畫完成線。

④剪掉。

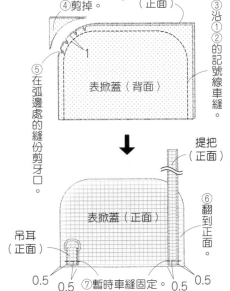

裡掀蓋（正面）
③沿①②的記號線車縫。
表掀蓋（背面）　1
⑤在弧邊處的縫份剪牙口。

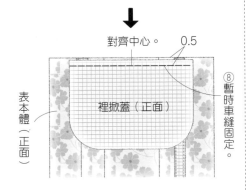

提把（正面）
表掀蓋（正面）
⑥翻到正面。
吊耳（正面）
0.5　0.5　⑦暫時車縫固定。　0.5　0.5

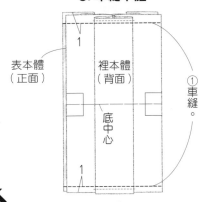

對齊中心。　0.5
表本體（正面）
裡掀蓋（正面）
⑧暫時車縫固定。

5. 車縫本體

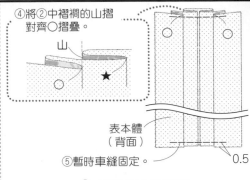

④將②中褶襇的山摺對齊○摺疊。
山

表本體（背面）
⑤暫時車縫固定。　0.5

2. 摺疊裡本體褶襇

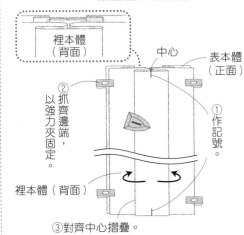

裡本體（背面）
中心
表本體（正面）
②抓齊邊端，以強力夾固定。
裡本體（背面）
①作記號。
③對齊中心摺疊。

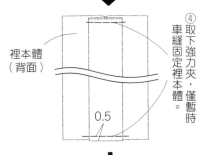

裡本體（背面）
④取下強力夾，車縫固定裡本體，僅暫時車縫固定裡本體。
0.5
※表本體也同樣作記號。

裡本體（背面）
⑥作側身記號。
2　3
⑤對摺。　（底中心）

3. 製作提把＆吊耳

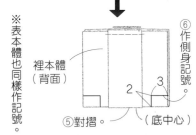

0.2
提把（正面）
0.2　①摺四褶車縫。

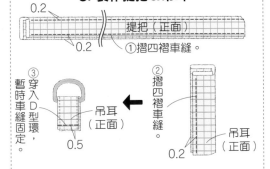

③穿入D型環暫時車縫固定。
吊耳（正面）
0.5
②摺四褶車縫。
吊耳（正面）
0.2

掃QR Code 看作法影片！
https://onl.bz/dzHgYKd

裁布圖

※標示尺寸已含縫份。
※ ▨ 處需於背面燙貼接著襯（僅限表本體・表掀蓋）

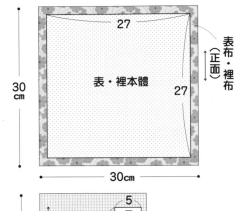

27
表・裡本體
30cm　27　表布・裡布（正面）
30cm

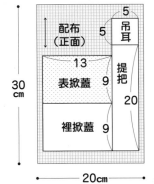

配布（正面）　5　5　吊耳
13　提把
表掀蓋　9
30cm　裡掀蓋　9　20
20cm

1. 製作表本體褶襇

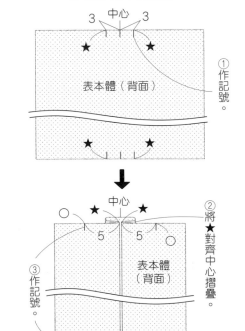

3　中心　3
表本體（背面）
①作記號。
★　★

中心
表本體（背面）
5　5
③作記號。
②將★對齊中心摺疊。

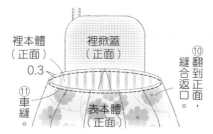

裡本體（正面）

裡掀蓋（正面）

0.3

⑩翻到正面，縫合返口。

⑪車縫。

表本體（正面）

6. 安裝塑膠四合釦&問號鉤

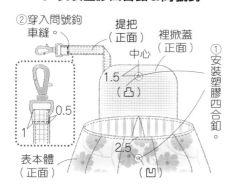

②穿入問號鉤車縫。

提把（正面）

裡掀蓋（正面）

中心

1.5（凸）

①安裝塑膠四合釦。

0.5

1

2.5（凹）

表本體（正面）

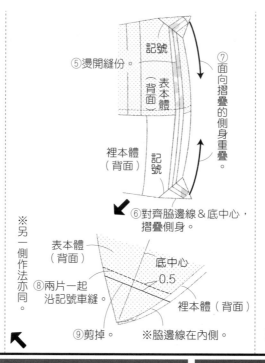

⑤燙開縫份

記號

表本體（背面）

裡本體（背面）

記號

⑦面向摺疊的側身重疊。

※另一側作法亦同。

⑥對齊脇邊線&底中心，摺疊側身。

表本體（背面）

底中心

0.5

裡本體（背面）

⑧兩片一起沿記號車縫。

⑨剪掉。

※脇邊線在內側。

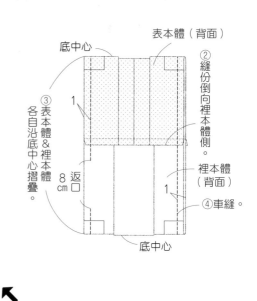

底中心

表本體（背面）

②縫份倒向裡本體側。

③表本體&裡本體各自沿底中心摺疊。

1

裡本體（背面）

8cm 返口

④車縫。

1

底中心

完成尺寸	材料	P.15_ No.12
寬19.5×高11cm	表布（牛津布）30cm×30cm	信封型筆袋
原寸紙型	裡布（牛津布）30cm×30cm	
無	接著鋪棉（薄）28cm×28cm	
	塑膠四合釦 13mm 1組	

---

3. 完成

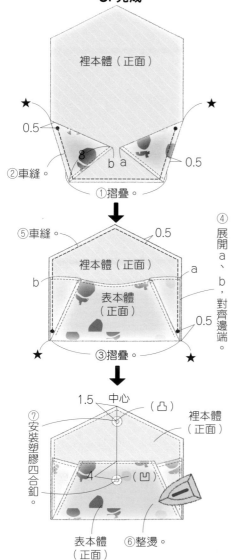

裡本體（正面）

★ ★

0.5

②車縫。

8 b a

0.5

①摺疊。

⑤車縫 0.5

裡本體（正面）

b

表本體（正面）

a

④展開a、b，對齊邊端。

0.5

③摺疊。 ★

⑦安裝塑膠四合釦。

1.5 中心 （凸）

裡本體（正面）

4 （凹）

表本體（正面）

⑥整燙。

2. 套疊表本體&裡本體

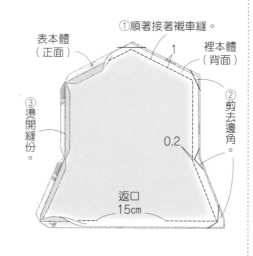

①順著接著襯車縫。

表本體（正面）

裡本體（背面）

1

②剪去邊角。

③燙開縫份

0.2

返口 15cm

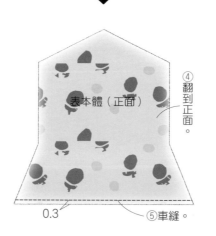

表本體（正面）

④翻到正面。

0.3

⑤車縫。

掃QR Code 看作法影片！

https://onl.bz/vP36fa4

1. 裁布

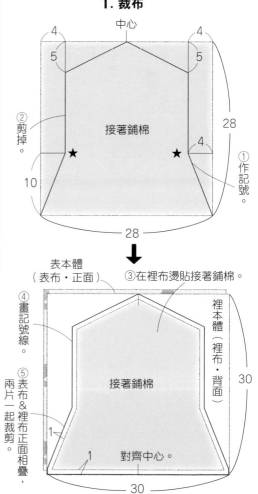

中心

4 4

5 5

接著鋪棉

★ ★

28

②剪掉。

10 4

28

①作記號。

表本體（表布·正面）

③在裡布燙貼接著鋪棉。

裡本體（裡布·背面）

④畫記號線。

⑤表布&裡布正面相疊，兩片一起裁剪。

接著鋪棉

30

1

1

對齊中心。

30

手機斜背包

完成尺寸	材料
寬12×高18cm	**表布A**（棉布）30cm×20cm／**表布B**（棉布）35cm×20cm
原寸紙型	**表布C**（棉布）10cm×20cm／**裡布**（棉布）20cm×45cm
無	**D型環** 10mm 2個／**問號鉤** 12mm 2個
	固定釦（面徑7mm 腳長8mm）4組
	皮條 寬1cm 長125cm／**FLATKNIT拉鍊** 20cm 1條

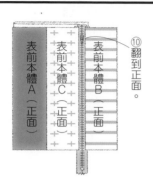

3. 製作本體

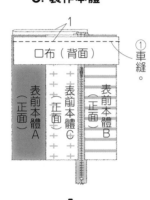

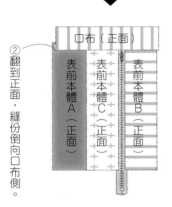

※表後本體＆另一片口布也依①②製作。

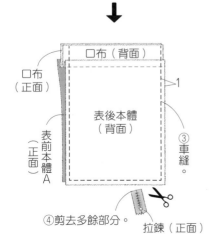

對齊上止側邊端。

③暫時車縫固定。

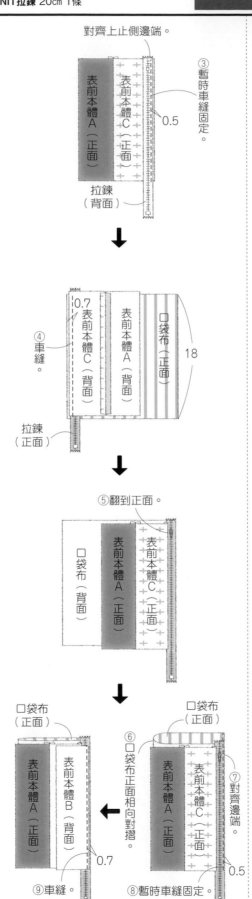

裁布圖

※標示尺寸已含縫份。

14　6　吊耳 6
20cm　表後本體 18　表前本體A　吊耳 4
6
表布A（正面）
30cm

16　表布B（正面）
20cm　18 口袋布　14　口布 4
口布 4
表前本體B 4.7
18
35cm

裡布（正面）　表布C（正面）
45cm　19 裡本體　20cm　18　表前本體C 5.7
摺雙
20cm　10cm

1. 製作吊耳

②穿入D型環後對摺。

D型環　③暫時車縫固定。

吊耳（正面）　0.2
吊耳（正面）　0.5
①摺四褶車縫。

※另一片作法亦同。

2. 接縫拉鍊

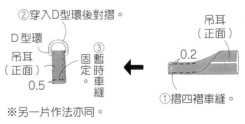

②燙開縫份
①車縫

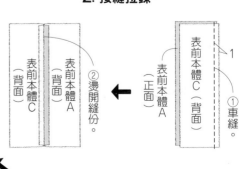

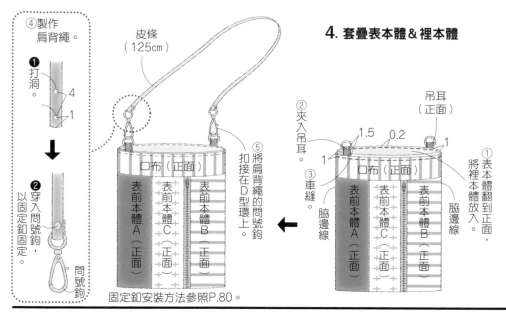

④製作肩背繩。
❶打洞。 4 / 1
皮條（125cm）
❷穿入問號鉤，以固定釦固定。
問號鉤

4. 套疊表本體＆裡本體

②夾入吊耳。
吊耳（正面）
1.5　0.2　1
③車縫。
①將裡本體放入，將表本體翻到正面，
口布（正面）
表前本體A（正面）
表前本體C（正面）
表前本體B（正面）
脇邊線

⑤將肩背繩的問號鉤扣接在D型環上。
口布（正面）
表前本體A（正面）
表前本體C（正面）
表前本體B（正面）
問號鉤
固定釦安裝方法參照P.80。

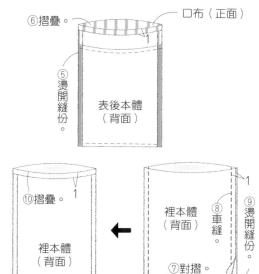

⑥摺疊。　口布（正面）　1
⑤燙開縫份
表後本體（背面）

⑩摺疊。　1
裡本體（背面）
⑧車縫。
⑨燙開縫份
⑦對摺。
裡本體（背面）

完成尺寸
寬6×高11cm

原寸紙型
A面 或 **下載**
※下載方法參照 P.11。

材料（花蕊材料參照作法說明）
表布（羊毛布）10cm×10cm 3片／配布A（羊毛布）25cm×5cm
配布B（羊毛布）10cm×15cm
不織布（灰色）5cm×5cm／鐵絲 粗0.2cm 長10cm
胸針座 寬2.5cm 1個／細鐵絲 適量

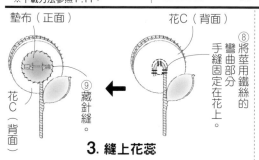

墊布（正面）
花C（背面）
⑧將莖用鐵絲的彎曲部分的手縫固定在花上。
花C（背面）
⑨藏針縫。
花C（背面）

3. 縫上花蕊

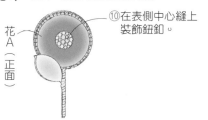

〈花1〉 材料：鈕釦 直徑30mm 1顆
⑩在表側中心縫上裝飾鈕釦。
花A（正面）

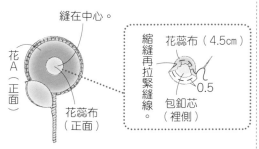

〈花2〉 材料：包釦芯 直徑2.5cm 1顆
花蕊布（羊毛布）直徑45mm 1片
縫在中心。
花A（正面）
縮縫再拉緊縫線。
花蕊布（4.5cm）
0.5
花A（正面）
花蕊布（正面）
包釦芯（裡側）

〈花3〉 材料：喜歡的零碼布 適量／鈕釦 1顆
剪成三角形的零碼布
花A（正面）
在中心疊上零碼布，再以鈕釦止縫固定。
花A（正面）
鈕釦

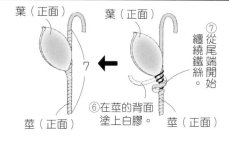

葉（正面）　葉（正面）
7
⑦從尾端開始繞繞鐵絲。
⑥在莖的背面塗上白膠。
莖（正面）　莖（正面）

2. 製作花朵
胸針座
正面
墊布
正面
②從切口穿入胸針座。
墊布（正面）
①剪切口。

③抽掉花B的橫織線變成流蘇狀。
花B（正面）　1.5
花B（正面）
④縮縫　0.5

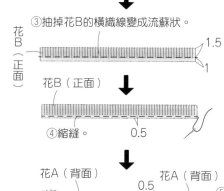

花A（背面）
花B（背面）
0.3
⑥車縫固定。
花A（背面）
0.5
⑤拉緊縫線，直到與花A同尺寸。

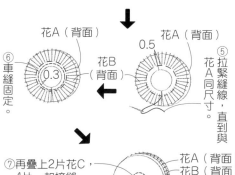

⑦再疊上2片花C，4片一起接縫。
花A（背面）
花B（背面）
花C 2片（背面）

裁布圖
※花B及莖無原寸紙型，請依標示尺寸直接裁剪。

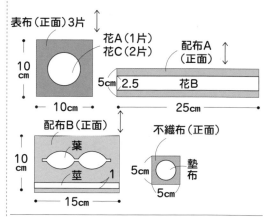

表布（正面）3片
10cm　10cm

花A（1片）花C（2片）
5cm
配布A（正面）
2.5　花B
25cm

配布B（正面）
10cm
葉　莖　1
15cm

不織布（正面）
5cm
墊布
5cm

1. 製作葉＆莖

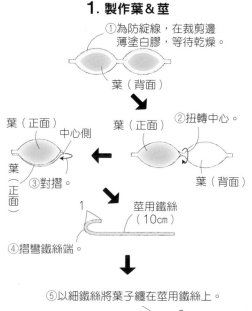

①為防綻線，在裁剪邊薄塗白膠，等待乾燥。
葉（背面）
②扭轉中心。
葉（正面）
中心側
葉（正面）
③對摺
葉（正面）
葉（背面）
莖用鐵絲（10cm）
④摺彎鐵絲端。
⑤以細鐵絲將葉子纏在莖用鐵絲上。
莖用鐵絲
3
葉（正面）
中心側
細鐵絲

完成尺寸	材料
寬10×高6×側身3cm（提把7.6cm）	**表布**（棉布）45cm×20cm／**配布A**（棉布）20cm×15cm **配布B**（棉布）20cm×10cm **金屬拉鍊** 12cm 1條 **四摺包邊斜布條** 寬11mm 長70cm **雙面固定釦**（面徑6mm 腳長6mm）4組

原寸紙型

A面 或 **下載**
※下載方法參照P.11。

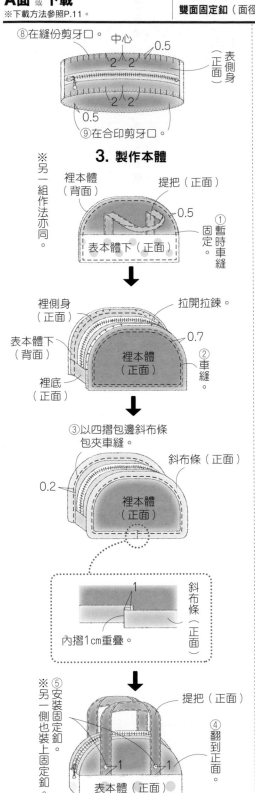

⑧在縫份剪牙口。
中心
0.5
表側身（正面）
0.5
⑨在合印剪牙口。

3. 製作本體

※另一組作法亦同。

裡本體（背面）
提把（正面）
0.5
①暫時車縫
固定。
表本體下（正面）

裡側身（正面）
拉開拉鍊。
表本體下（背面）
0.7
裡本體（正面）
②車縫。
裡底（正面）

③以四摺包邊斜布條包夾車縫。
斜布條（正面）
0.2
裡本體（正面）

斜布條（正面）
1
內摺1cm重疊。

※⑤安裝固定釦，另一側也裝上固定釦。
提把（正面）
1   1
④翻到正面。
表本體（正面）

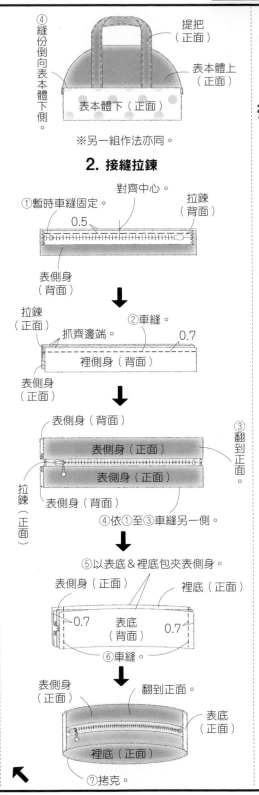

④縫份倒向表本體下側。
提把（正面）
表本體上（正面）
表本體下（正面）

※另一組作法亦同。

2. 接縫拉鍊

對齊中心。
①暫時車縫固定。
0.5
拉鍊（背面）

表側身（背面）
拉鍊（正面）
抓齊邊端。
②車縫。
0.7
裡側身（背面）
表側身（正面）

表側身（背面）
表側身（正面）
表側身（正面）
拉鍊（正面）
表側身（背面）
③翻到正面。
④依①至③車縫另一側。

⑤以表底＆裡底包夾表側身。
表側身（正面）
裡底（正面）
0.7   表底（背面）   0.7
⑥車縫。

表側身（正面）
翻到正面。
表底（正面）
裡底（正面）
⑦拷克。

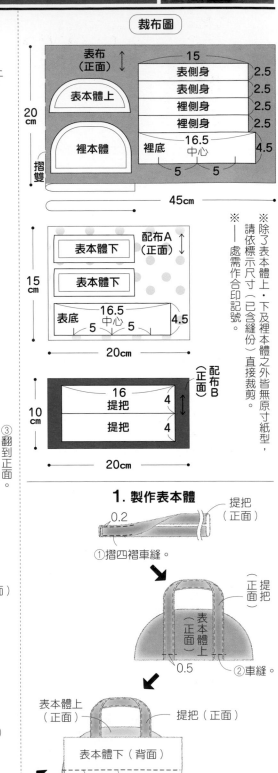

裁布圖

表布（正面）		
15		

表側身 2.5
表側身 2.5
裡側身 2.5
裡側身 2.5

表本體上
裡本體
裡底 中心 16.5 / 4.5
5 5

20cm
摺雙
45cm

配布A（正面）
表本體下
表本體下
表底 中心 16.5 / 4.5
5 5
15cm
20cm

配布B（正面）
提把 16 / 4
提把 4
10cm
20cm

※除了表本體上、下及裡本體之外皆無原寸紙型，請依標示尺寸（已含縫份）直接裁剪。

※—處需作合印記號。

1. 製作表本體

提把（正面）
0.2
①摺四褶車縫。

提把（正面）
表本體上（正面）
0.5
②車縫。

表本體上（正面）
提把（正面）
表本體下（背面）
0.7
③車縫。

固定釦安裝方法

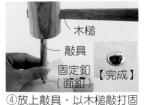

木槌
敲具
固定釦（面釦）【完成】
④放上敲具，以木槌敲打固定。

固定釦（釦面）
本體（正面）
③蓋上釦面。

固定釦（釦腳） 打釦台
本體（正面）
②以圓斬等在安裝位置打洞，由背面穿出釦腳。

打釦台 固定釦（釦腳）
①將釦腳置於打釦台上。

固定釦
釦腳   釦面

無尾熊造型的行李箱掛飾

完成尺寸	材料
寬9×高12cm	表布（羊毛布）40cm×15cm
原寸紙型	配布A（環保皮草）10cm×10cm／配布B（不織布）5cm×5cm
A面 或 **下載**	塑膠插釦 寬20mm 1組
※下載方法參照P.11。	填充棉 適量／25號繡線（白色·深灰色）適量

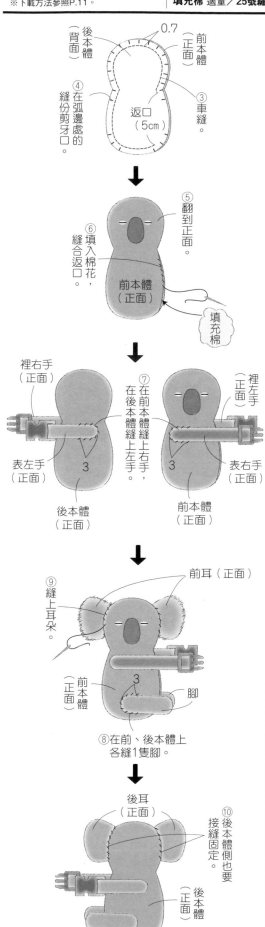

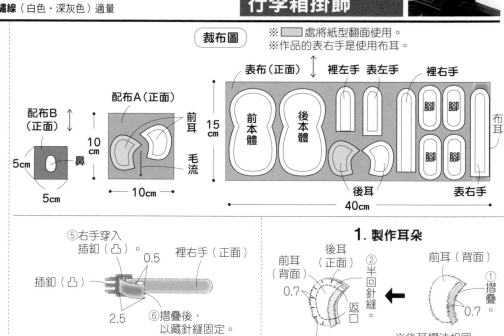

裁布圖

※ ▨ 處將紙型翻面使用。
※作品的表右手是使用布耳。

配布B（正面）5cm×5cm ／ 鼻

配布A（正面）／ 前耳 毛流

表布（正面）／ 裡左手 表左手 裡右手 / 前本體 後本體 腳 腳 腳 腳 / 後耳 表右手 布耳
15cm ── 40cm

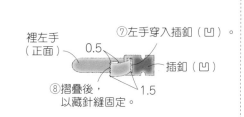

⑤右手穿入插釦（凸）。
插釦（凸） 裡右手（正面） 0.5
2.5
⑥摺疊後，以藏針縫固定。

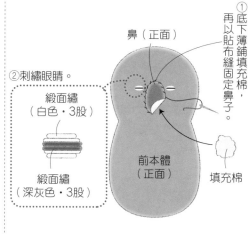

裡左手（正面） ⑦左手穿入插釦（凹）。
0.5 插釦（凹）
⑧摺疊後，以藏針縫固定。 1.5

4. 製作本體

②刺繡眼睛。
鼻（正面）
①底下薄鋪填充棉，再以貼布縫固定鼻子。
緞面繡（白色·3股）
緞面繡（深灰色·3股）
前本體（正面）
填充棉

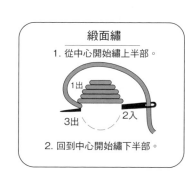

緞面繡
1. 從中心開始繡上半部。
1出 3出 2入
2. 回到中心開始繡下半部。

1. 製作耳朵

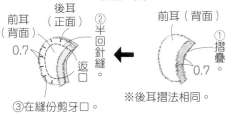

後耳（正面）
前耳（背面）
②半回針縫
前耳（背面）①摺疊
0.7 0.7
返口
③在縫份剪牙口。
※後耳摺法相同。

④翻到正面，縫合返口。
前耳（正面）
※另一組作法亦同。

2. 製作腳

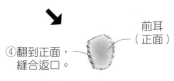

腳（正面）
腳（背面）
②翻到正面，縫合返口。
返口
①半回針縫
腳（正面）
0.7
※另一組作法亦同。

3. 製作手

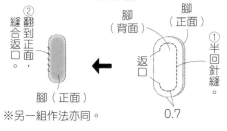

②剪牙口。
表右手（正面）
0.5
後右手（背面）
①半回針縫。
返口

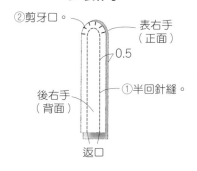

④左手作法亦同。
③翻到正面。
裡左手（正面）
裡右手（正面）

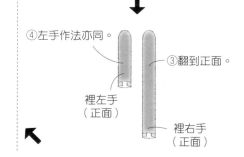

完成尺寸
寬10×高33cm

原寸紙型
A面 或 下載
※下載方法參照P.11。

材料
表布A（羊毛布）25cm×15cm／表布B（羊毛布）25cm×20cm
配布A（羊毛布）30cm×20cm
配布B（poodle fur）25cm×10cm／裡布（棉布）25cm×20cm
鈕釦 10mm 1顆／不織布（白色）5cm×5cm／緞帶 寬1cm 長5cm
25號繡線（深灰色・紅色）適量
眼珠釦 3mm 2顆／線圈拉鍊 15cm 1條

P.17_ No.**18**
兔子波奇包

裁布圖

※ □ 處是將紙型翻面使用。

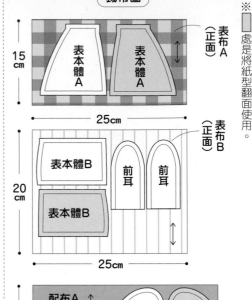

表布A（正面）
15cm
表本體A
25cm

表布B（正面）
20cm
表本體B
前耳
前耳
表本體B
25cm

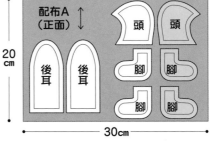

配布A（正面）
20cm
後耳　後耳　頭　頭　腳　腳　腳　腳
30cm

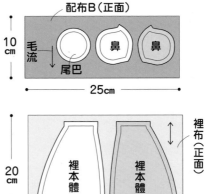

配布B（正面）
10cm
毛流
尾巴　鼻　鼻
25cm

裡布（正面）
20cm
裡本體　裡本體
25cm

4. 製作裡本體

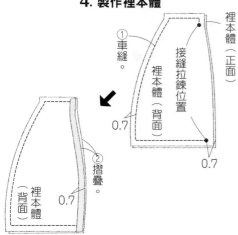

①重縫。
裡本體（正面）
接縫拉鍊位置
裡本體（背面）
0.7
②摺疊。
0.7
裡本體（背面）
0.7

5. 製作表本體

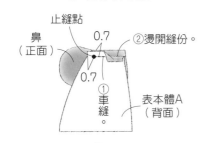

止縫點
鼻（正面）
0.7
②燙開縫份。
0.7
①重縫。
表本體A（背面）

鼻（正面）
頭（背面）
表本體A（背面）
0.7
④燙開縫份。
③重縫。
表本體B（背面）
※另一組作法亦同。

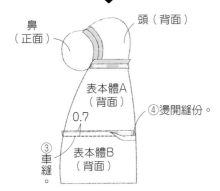

頭（正面）
頭（背面）
0.7
⑤重縫。
表本體A（背面）
接縫拉鍊位置
0.7
接縫腳的位置

尾巴

⑤拉緊縮縫線。
尾巴（背面）
尾巴（背面）
0.5
留下線頭。
④縮縫。
縫份摺入裡面。

2. 製作耳朵

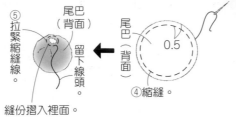

0.7
前耳（背面）
正面　後耳
②重縫。
返口
對齊摺痕＆邊端。
後耳（背面）
0.7
①摺疊。

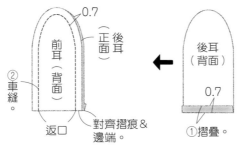

③翻到正面。
④縫合下側，對摺。
摺雙
後耳（正面）

※另一片作法亦同。

3. 製作頭部

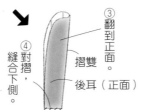

0.7
①重縫。
頭（背面）
鼻（正面）
0.7
頭（正面）
0.7

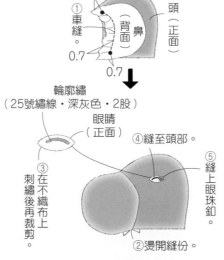

輪廓繡
（25號繡線・深灰色・2股）
眼睛（正面）
④縫至頭部。
③在不織布上刺繡後再裁剪
⑤縫上眼珠釦。
②燙開縫份。

※另一側作法亦同。

輪廓繡
→ 行進方向
2出　4出　3入
1入
1和4在同一個位置

1. 製作腳＆尾巴

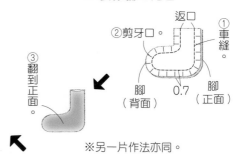

②剪牙口
返口
①重縫。
③翻到正面。
腳（背面）
0.7
腳（正面）

※另一片作法亦同。

82

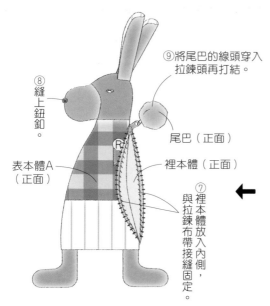

⑨將尾巴的線頭穿入拉鍊頭再打結。

⑧縫上鈕釦。

表本體A（正面）

裡本體（正面）

尾巴（正面）

⑦裡本體與拉鍊布帶放入內側，與拉鍊布帶接縫固定。

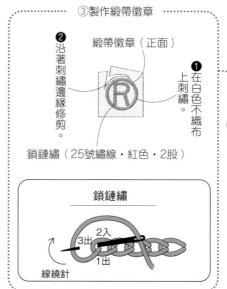

③製作緞帶徽章

緞帶徽章（正面）

❷沿著刺繡邊緣修剪。

❶在白色不織布上刺繡

鎖鏈繡（25號繡線・紅色・2股）

鎖鏈繡

3出 2入

1出

線繞針

6. 接縫拉鍊，完成

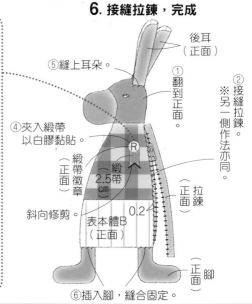

後耳（正面）

⑤縫上耳朵。

①翻到正面

②接縫拉鍊。※另一側作法亦同。

④夾入緞帶以白膠黏貼。

緞帶徽章（正面）

緞帶2.5cm

拉鍊（正面）

斜向修剪。

表本體B（正面）

0.2

脚（正面）

⑥插入腳，縫合固定。

完成尺寸	材料	
寬6×高7cm	表布A（亞麻布）10cm×15cm／表布B（平織布）10cm×15cm	 P.19_ No.**21** 愛心珠針收納片
原寸紙型	配布（不織布）10cm×10cm／厚紙 20cm×10cm	
C面 或 **下載** ※下載方法參照 P.11。	鋪棉 20cm×10cm／兩摺斜布條 寬2cm 長10cm	
	緞帶 寬0.5cm 長5cm／DMC25號繡線 適量	

刺繡針法 ※輪廓繡參照P.82。

直線繡

1出 2入 3出

法國結粒繡

行進方向←

繞1至3圈。

1入 2入

回針繡

3出 1出 2入

釦眼繡

1出 3出 5出 4入 2入

雛菊繡

4入

3出 2入 1出 線繞針

裁布圖

配布（正面）

墊布

10cm

10cm

心形

後本體

表布B（正面）

15cm

10cm

1. 製作本體

（線的股數・色號）

回針繡（2・823）

直線繡 2次（2・3831）

青色

釦眼繡（1・839）

法國結粒繡（1・823）

輪廓繡（1・823）

雛菊繡（1・823）

Pour toi

前本體（正面）

②在弧邊處的摺份剪牙口。

厚紙

鋪棉

④摺向背側黏貼。

接著劑

③依鋪棉、厚紙的順序重疊。

※後本體也依②至④製作。

①先在表布A刺繡再裁剪。

---

⑤將緞帶依凹處接合的長度修剪。

0.5

⑥在緞帶的兩端剪切口。

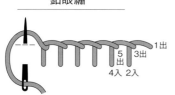

後本體（正面）

⑦沿外圍貼上緞帶。

吊耳（正面）

前本體（正面）

Pour toi

⑧穿入斜布條（10cm）打結。

2. 疊合前本體＆後本體

②將緞帶（5cm）對摺。

吊耳 1（正面）

③黏貼吊耳

前本體（背面）

①以接著劑將墊布黏在前本體的背面。

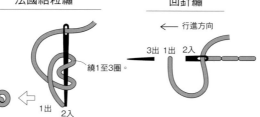

後本體（背面）

墊布（正面）

前本體（正面）

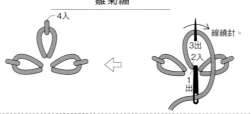

後本體（正面）

④前本體＆後本體背面相疊，以千鳥縫縫合周圍。

千鳥縫

行進方向→

3出 2入

1出 4入

法式針線布盒的作法

完成尺寸

長9.2×寬20×高4.4cm

材料

表布（平織布）65cm×30cm
配布（平織布）30cm×35cm
硬紙板（厚2cm）A4尺寸 3片
卡紙或肯特紙 A4尺寸 2片
半紙或影印紙 A4尺寸 適量
棉織帶 寬1cm 長5cm

原寸刺繡圖案

C面

工具

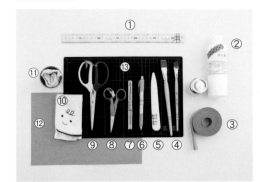

① 尺（為了配合美工刀進行切割，建議使用金屬尺）
② 布盒專用白膠
③ 沾水膠帶
④ 水彩筆
⑤ 布盒專用骨筆（一般骨筆也OK）
⑥ 自動鉛筆
⑦ 美工刀
⑧ 紙用剪刀
⑨ 布用剪刀
⑩ 乾毛巾
⑪ 濕毛巾（擦拭沾附於手上的白膠）
⑫ 瓦楞紙或墊子等（墊在部件下作業，避免白膠沾到桌子）
⑬ 切割墊

法式布盒基本技法

紙與布的貼合方式

將紙板貼到布的背面時，布要比紙板多出1cm以上摺份。上面置放辭典等物重壓，以達平整貼合。乾燥後，再依尺寸裁布。

布貼到紙板後再裁剪。先依尺寸裁切紙板，邊端也要確實塗上白膠。

白膠的塗抹方式

布若塗上過多的白膠容易起皺，此時可用手指抹掉，再以濕毛巾將手擦乾淨。

使用水彩筆，連邊端也不遺漏地塗上白膠。基本上是塗在較厚的素材上。紙板厚塗，布料則薄塗以免滲至表面。

---

1. 製作盒身

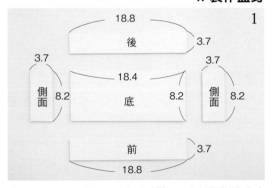

依圖示尺寸以美工刀裁切硬紙板。以白膠黏貼成盒型。先組合側面，再組合前後面。

沾水膠帶用法

以水彩筆在膠面塗上水，準確地黏貼於硬紙板的組裝接合處。

依黏貼邊的長度裁剪膠帶。邊端需斜裁處理，以免邊角重疊黏貼。膠面（有光澤的那一面）朝內對摺。

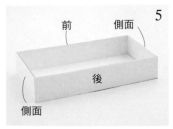

黏貼四個位置（側面×2・前・後）

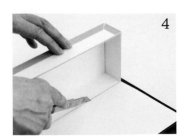

對齊盒身，裁切肯特紙。

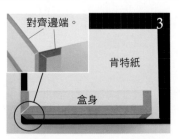

盒身表面貼上肯特紙，以增加光滑度。盒身塗白膠，肯特紙對齊邊端黏合。

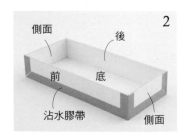

在盒身外側貼上沾水膠帶，進行組裝。

2. 盒身貼上表布

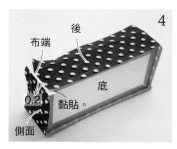 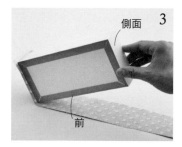  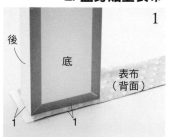

4
將預留的1cm表布貼至後側，再將整個側面貼上表布，最後在距盒身邊角0.2cm處剪去多餘表布。

3
依步驟1、2作法黏貼前面與另一片側面。

2
以乾毛巾抹順至平整。

1
表布裁成56cm×6cm。在盒身側面塗白膠，底側&後側各預留1cm摺份，貼上表布。

   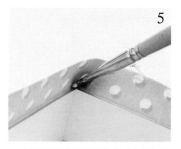

|| Point ||

邊角摺法
稍微施力，以骨筆平整貼合邊角摺份，完成後就會呈現漂亮的邊角。

7
在側面的底側摺份塗白膠，稍微施加力道地以骨筆平整貼合。另一邊作法亦同。

6
貼上底側的摺份。將邊角的多餘摺份捏成三角形後剪掉（4處）。

5
在上下的所有摺份邊角（8處）塗上薄薄一層白膠，防止綻線。

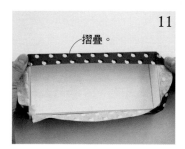 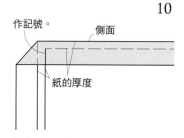  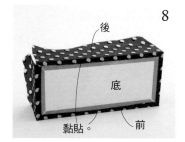

11
摺疊前·後的摺份，依步驟10相同作法以粉土筆作記號。

10
從上方看著表布，以粉土筆朝盒身內側邊角作記號。另一側也同樣作記號。

9
黏貼上側摺份。對齊盒身摺疊表布的摺份，並貼上。

8
依步驟5至7作法黏貼前面&後面的摺份。

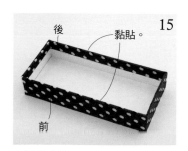 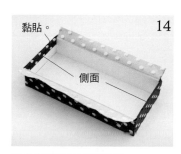 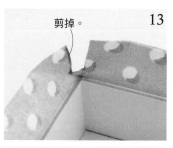 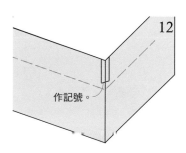

15
同樣黏貼前·後的摺份。

14
沿盒身黏貼側面的摺份。

13
沿記號剪掉表布。其餘三個邊角作法相同。

12
連接步驟9至11所作的記號。

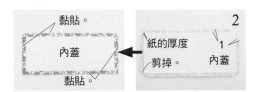

3. 黏貼內側片

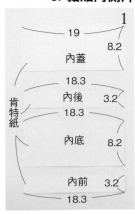

依圖示尺寸裁切肯特紙。

肯特紙

	19	
	內蓋	8.2
	18.3	
	內後	3.2
	18.3	
	內底	8.2
	內前	3.2
	18.3	

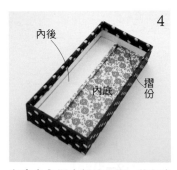

4

內後　內底　摺份

在盒身內側底部塗白膠。將內底的摺份與內後立起，將內底放入盒內與底部貼合。

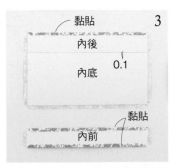

3

黏貼　內後　0.1　內底　黏貼　內前

內後&內底相隔0.1cm黏貼，依步驟2修剪邊角，僅黏貼內後上側的摺份。內前也依步驟2黏貼修剪，僅黏貼上下摺份。

黏貼。　內蓋　黏貼　**2**　紙的厚度剪掉。　**1**　內蓋

參照P.84＜紙與布的貼合方式＞在內蓋貼上配布。預留1cm摺份，並修剪四周。四個邊角預留紙張厚度斜裁，再將布的摺份貼到肯特紙上。

---

4. 製作盒蓋

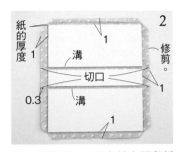

2

紙的厚度　1　溝　修剪。　1　切口　0.3　溝　1

摺份修剪至1cm。四個邊角預留紙張厚度斜裁，並在溝旁剪0.3cm切口（4處）。

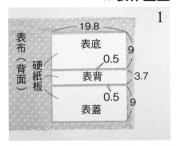

1

表布（背面）　硬紙板

19.8　表底　9　0.5　表背　3.7　0.5　表蓋　9

依圖示尺寸裁切硬紙板。參照P.84＜紙與布的貼合方式＞在紙板塗白膠，保持間距地貼到表布上。
※如果表蓋有刺繡，就先刺繡再與硬紙板貼合。

6

內側面　內側面（2片）

內側面先將剪成3cm×8cm的肯特紙放入盒內確認尺寸是否無誤，若太長就修剪調整。再參考5.-2與裡布貼合，並貼至盒內。

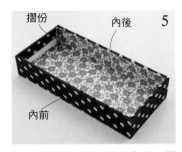

5

摺份　內後　內前

在內後側塗白膠，貼合內後。兩端的摺份貼至側面。內前也同樣貼合。

---

5. 組裝

2

對齊中心。　合頁

合頁對齊表背中心，以骨筆沿溝處壓出摺痕。

1

18.6　合頁　7　修剪

製作合頁。參照P.84＜紙與布的貼合方式＞，將19cm×7cm的半紙貼到布上。再沿紙張上下邊裁布，修剪兩端至18.6cm。

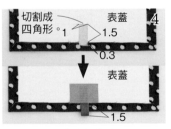

4

切割成四角形。　1　表蓋　1.5　0.3　表蓋　1.5

以美工刀在表蓋淺淺的切割一個四角形，再依兩片棉織帶的厚度削薄硬紙板。接著將對摺的棉織帶以白膠黏貼於削薄處，再貼上沾水膠帶。

3

表底　黏貼。　表背　表蓋

硬紙板塗白膠，摺疊表布摺份並黏貼。

完成

蓋上盒蓋，上方放置重物，等白膠乾燥即完成。

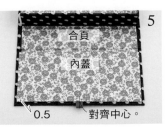

5

合頁　內蓋　0.5　對齊中心。

將內蓋貼至圖示的表蓋位置。

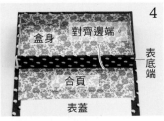

4

盒身　對齊邊端。　表底端　合頁　表蓋

盒身對齊表底端黏合。

3

中心　摺痕　合頁　表蓋

對齊2的摺痕、溝處及中心，貼上合頁。

完成尺寸	材料	
寬25×高25cm	表布A（羊毛布）30cm×25cm／表布B（羊毛布）25cm×20cm	P.50_ No.**51**
原寸紙型	表布C（羊毛布）25cm×15cm	**達拉木馬迷你抱枕**
D面 或 **下載**	緞帶 寬2cm 長10cm／配飾 1個	
※下載方法參照 P.11。	填充棉 適量／圓芯（塑膠軟管）粗0.8cm 長15cm	

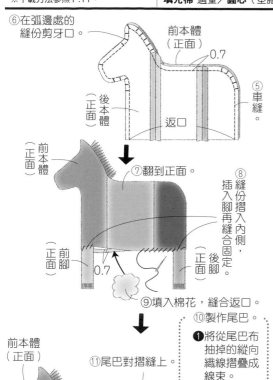

⑥在弧邊處的縫份剪牙口。

前本體（正面）0.7

後本體（正面）

返口

⑤車縫

前本體（正面）

後本體（正面）

⑦翻到正面。

⑧縫份摺入插入腳再縫合固定，插入腳摺入內側。

正前腳（正面）0.7

正後腳（正面）

⑨填入棉花，縫合返口。

前本體（正面）

⑪尾巴對摺縫上

配飾

⑫緞帶縫上配飾＆斜裁。

緞帶 2cm

1. 製作鬃毛&前・後腳

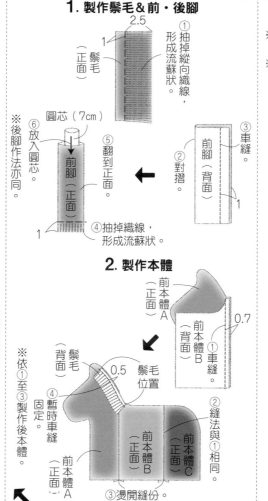

2.5 / 1 / 正面 鬃毛

①抽掉縱向織線，形成流蘇狀。

⑥圓芯（7cm）放入圓芯。

※後腳作法亦同。

前腳（正面）

⑤翻到正面。

③車縫 ②對摺 前腳（背面） 1

④抽掉織線，形成流蘇狀。 1

2. 製作本體

前本體（正面）A

前本體（背面）B 0.7

①車縫

鬃毛（背面）0.5 鬃毛位置

④暫時車縫固定

②縫法與①相同。

前本體（正面）B 前本體（正面）C

前本體（正面）A

③燙開縫份。

※依①至③製作後本體。

⑩製作尾巴

❶將從尾巴布抽掉的縱向織線摺疊成線束。

❷以線綁住中心。

16

❸剪開

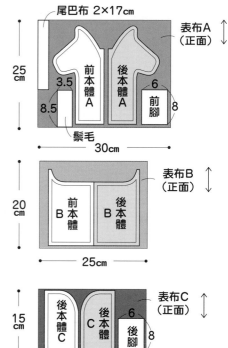

【裁布圖】

※前・後腳及鬃毛無原寸紙型，請依標示尺寸（已含縫份）直接裁剪。
※ ▨ 處將紙型翻面使用。

尾巴布 2×17cm

表布A（正面）

25cm

3.5 / 前本體A / 後本體A / 6 / 8.5 / 前腳 8

鬃毛

30cm

表布B（正面）

20cm

前本體B / 後本體B

25cm

表布C（正面）

15cm

後本體C / C本體 / 6 / 後腳 8

25cm

完成尺寸	材料	
寬6.5×高2.5cm	表布（13目/1cm 刺繡用亞麻布）15cm×10cm	P.19_ No.**22**
原寸紙型	配布（平織布）10cm×5cm	**迷你針插**
無	羊毛 適量／DMC25號繡線 適量	

【刺繡圖案】

※使用經線與緯線等間距織成的布料。

13目/1cm意指1cm寬有13經線與緯線。變化目數，刺繡圖案也會跟著改變。

【實例】

2條 / 2條

※本作品是在布料的2目的十字繡1目的十字繡

【圖例】

緯線 經線

中心

DMC繡線色號
- ✕ : ■ #3831
- ■ : ■ #839
- □ : ■ #950
- ＝ : ■ #356
- ◗ : ■ #826

十字繡

讓在上面的繡線方向一致。

2入 / 3出 / 1出

2. 完成

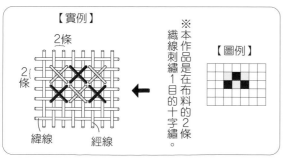

前本體（正面）

①縫份（5mm）摺入內側，縫合返口。

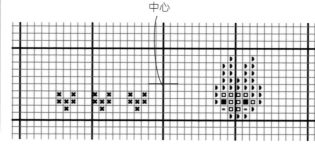

前本體（正面）

②以一片配布裁剪後本體（尺寸與前本體相同）。

③從返口塞入羊毛。

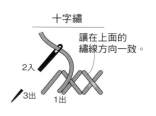

0.5 / ③車縫 / 返口

後本體（背面）

1. 裁布

①先刺繡再裁剪。

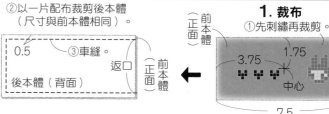

前本體（正面）

3.75 / 1.75 / 3.5

中心

7.5

前本體（正面）

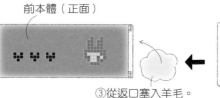

完成尺寸
寬41.5×高29.5×側身18.5cm

原寸紙型
無

材料
表布（（11號帆布）135cm×45cm
（※依手邊縫紉機調整尺寸）
配布（Tana Lawn絲光棉）10cm×15cm
布標 5.2cm×6.5cm 1片

裁布圖

※依手邊縫紉機計算尺寸。※（ ）內的尺寸適用下圖的縫紉機。
※標示尺寸已含縫份。

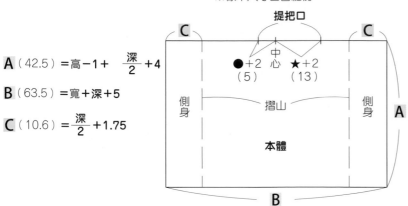

A（42.5）＝高－1＋$\frac{深}{2}$＋4

B（63.5）＝寬＋深＋5

C（10.6）＝$\frac{深}{2}$＋1.75

提把口
C　　　　　　C
中心
●＋2　★＋2
（5）　（13）
側身　摺山　側身　A
本體
B

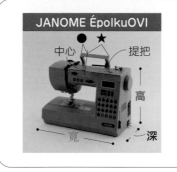

JANOME ÉpolkuOVI
中心　●　★　提把
高
寬　深

ÉpolkuOVI的尺寸

高…30.65
寬…40.8
深…17.7
●…3
★…11

裁布圖

※布標底布無原寸紙型，請依標示尺寸（已含縫份）直接裁剪。

$A+2\sim3$cm
（45cm）
摺雙
本體
表布（正面）
$B×2+2\sim3$cm（135cm）

配布（正面）
布標底布
15cm　10
8.6
10cm

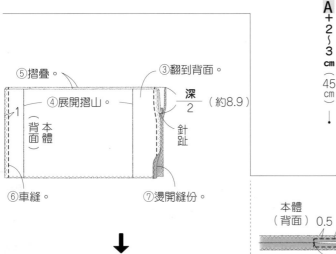

⑤摺疊。
③翻到背面。
④展開摺山。
$\frac{深}{2}$（約8.9）
1
背面　本體
針趾
⑥車縫。
⑦燙開縫份。

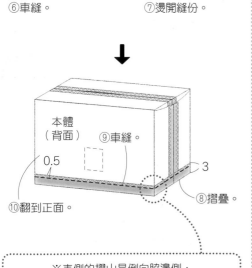

本體（背面）
⑨車縫。
0.5
3
⑩翻到正面。
⑧摺疊。

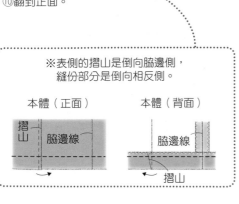

※表側的摺山是倒向脇邊側，縫份部分是倒向相反側。

本體（正面）　　本體（背面）
摺山　脇邊線　　脇邊線
摺山

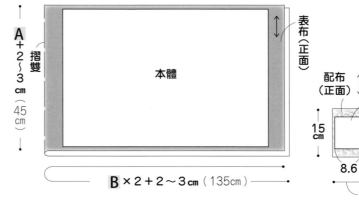

本體（背面）　0.5　③車縫。　重複縫2至3次。
提把口
0.5
②燙開縫份。

3. 製作本體

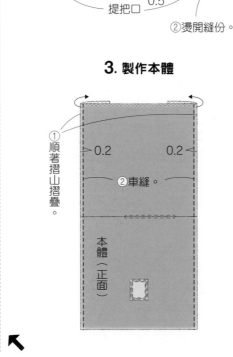

①順著摺山摺疊。
0.2　　0.2
②車縫。
本體（正面）

---

1. 縫上布標

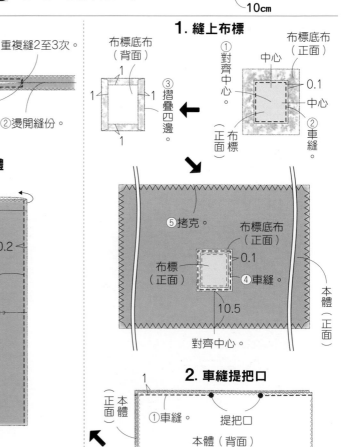

布標底布（正面）
①對齊中心。
中心
0.1
中心
布標底布（背面）
1
1　1
1
③摺疊四邊。
②車縫。
（正面）布標（正面）

⑤拷克。
布標底布（正面）
布標（正面）
0.1
④車縫。
10.5
對齊中心。
本體（正面）

2. 車縫提把口

1
①車縫。
提把口
正面　本體
本體（背面）

88

完成尺寸	材料	
寬12×高11.5×側身6cm	表布（11號帆布）65cm×30cm	**P.20_ No.24**
原寸紙型	裡布（Tana Lawn絲光棉）40cm×20cm	**桌邊集屑袋**
無		

3. 套疊表本體 & 裡本體

①將表本體放入裡本體內。
②車縫。
裡本體（背面）
1

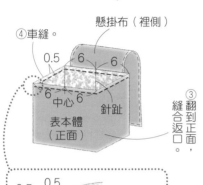

④車縫。
懸掛布（裡側）
0.5　6　6
6　中心　6
針趾
表本體（正面）
③翻到正面，縫合返口。

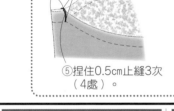

0.5　0.5
0.5
⑤捏住0.5cm止縫3次（4處）。

※表本體作法相同，但不留返口。

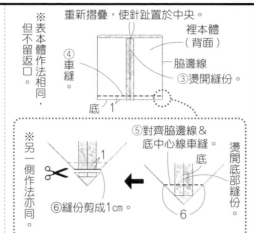

重新摺疊，使針趾置於中央。
裡本體（背面）
④車縫。
脇邊線
③燙開縫份。
底　1

※另一側作法亦同。

⑤對齊脇邊線 & 底中心線車縫。
底
燙開底部縫份。
⑥縫份剪成1cm。
6

2. 製作懸掛布

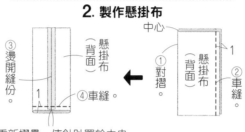

中心
③燙開縫份。
懸掛布（背面）
①對摺。
懸掛布（背面）
②車縫。
1
④車縫。
1

重新摺疊，使針趾置於中央。
對齊中心 & 針趾。

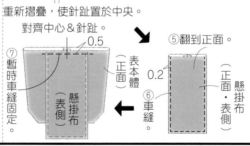

0.5
⑦暫時車縫固定。
表本體（正面）
懸掛布（表側）
⑤翻到正面。
0.2
表本體（正面）・懸掛布（表側）
⑥車縫。

裁布圖
※標示尺寸已含縫份。

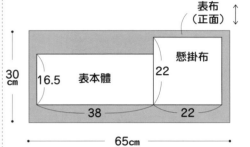

表布（正面）
30cm
16.5　表本體　22　懸掛布
38　22
65cm

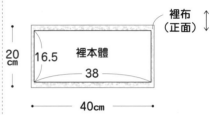

裡布（正面）
20cm
16.5　裡本體
38
40cm

1. 製作本體

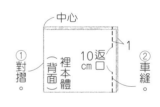

中心
①對摺。
裡本體（背面）
10cm返口
1
②車縫。

完成尺寸	材料（■…S・■…M・■…L・■…通用）	
寬17×高23cm／寬26×高38cm	表布（棉牛津布）・裡布（棉牛津布）	**P.39_ No.46**
寬29×高48cm	各70cm×30cm・100cm×45cm・110cm×55cm	**換洗衣物波奇包**
原寸紙型	塑膠四合釦 13mm 2組	**S・M・L**
無	布用雙面膠帶 適量	

以布用雙面膠帶將返口簡單黏貼起來也OK。

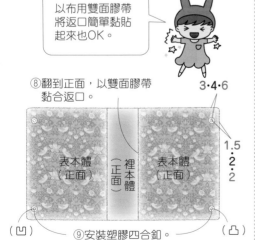

⑧翻到正面，以雙面膠帶黏合返口。
3・4・6
表本體（正面）
裡本體（正面）
表本體（正面）
1.5・2・2
（凹）⑨安裝塑膠四合釦。（凸）

掃QR Code
看作法影片！
https://youtu.be/qPTjrlcwbMI

②翻到正面整燙。
表本體（正面）

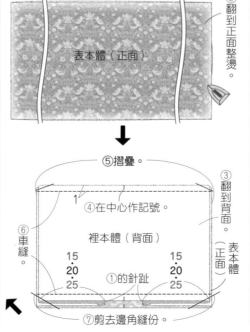

⑤摺疊。
④在中心作記號。
③翻到背面。
裡本體（背面）
⑥車縫。
15　20・25
①的針趾
15　20・25
表本體（正面）
⑦剪去邊角縫份。

裁布圖
※■…S・■…M・■…L・■…通用
※標示尺寸已含縫份。

表・裡布（正面）
25・40・50
表・裡本體（正面）
30・45・55 cm
66・94・110
70・100・110cm

1. 製作本體

※L尺寸是以布寬裁剪，所以在可隱藏布耳的位置車縫。

表本體（背面）
①車縫。
返口 10cm
1
裡本體（正面）
1

完成尺寸

寬10×高4.5×側身5cm（不含提把）

原寸紙型

A面 或 **下載**
※下載方法參照P.11。

材料

表布（11號帆布）35cm×20cm

裡布（Tana Lawn絲光棉）35cm×20cm

P.21_ No.26
強力夾收納籃

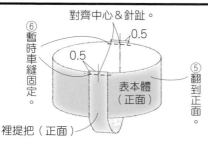

⑥暫時車縫固定。
對齊中心&針趾。
0.5
0.5
⑤翻到正面。
表本體（正面）
裡提把（正面）

3. 套疊表本體&裡本體

①將裡本體放入表本體內。

表本體（背面）
②車縫。
裡本體（背面）
1
中心&針趾各自對齊。

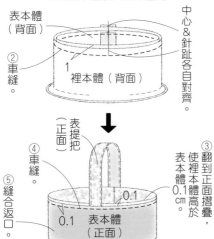

表提把（正面）
④車縫。
③翻到正面，使裡本體摺疊，表本體高於裡本體0.1cm。
⑤縫合返口。
0.1
0.1
表本體（正面）

---

2. 車縫本體&底

②車縫。
裡本體（背面）
①對摺。
1

漂亮車縫圓底的方法

本體（背面）
錐子

在縫合圓底&本體時，將本體側置於上方車縫會比較好作業。

※依①至④縫製。
※表本體&表底不留返口地車縫。

④對齊合印車縫。
③燙開縫份。
裡本體（背面）
裡底（正面）
返口5cm
0.5

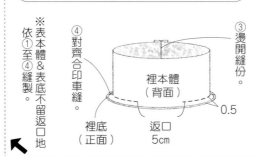

裁布圖

※除了表・裡底之外皆無原寸紙型，請依標示尺寸（已含縫份）直接裁剪。
※以裡布製作表提把。
※一處需作合印記號。

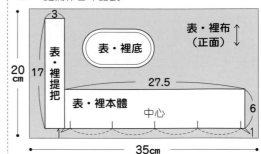

3
表・裡提把
表・裡底
20cm
17
表・裡本體
27.5
中心
6
1
35cm
表・裡布（正面）

1. 製作提把

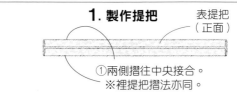

表提把（正面）
①兩側摺往中央接合。
※裡提把摺法亦同。

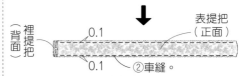

裡提把（背面）
0.1
表提把（正面）
0.1
②車縫。

完成尺寸

寬約7×高約4cm

原寸紙型

C面 或 **下載**
※下載方法參照P.11。

材料

表布（棉布）15cm×10cm

配布A（Tana Lawn絲光棉）15cm×10cm

配布B（棉布）10cm×5cm／串珠（黑色）直徑6mm 1顆

眼珠釦 4mm 2顆／羊毛 適量

P.21_ No.27
刺蝟針插

頭（背面）
a
0.5
③縫份倒向頭側。
④車縫。
脇邊（背面）
返口
腹部（背面）
d
0.5
d
0.5
背部（正面）

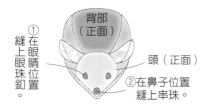

腹部（正面）
脇邊（正面）
⑤翻到正面。
腹部（正面）
⑦縫份摺入內側，縫合返口。
⑥塞入羊毛。

4. 縫上鼻子&眼睛

背部（正面）
①縫上眼睛在眼睛位置縫上眼珠釦。
頭（正面）
②在鼻子位置縫上串珠。

---

1. 縫合脇邊&背部

脇邊（正面）
0.5
c
0.5
①車縫。
0.5
d
0.5
脇邊（背面）
d
背部（背面）
0.5
②縫份倒向背部側。

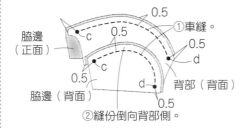

2. 製作耳朵

耳朵（正面）
耳朵（正面）
②車縫。
耳朵（正面）
①車縫。
0.5
④對摺。
③翻到正面。
耳朵（背面）
②在縫份剪牙口。

※另一隻作法亦同。

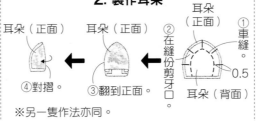

3. 製作頭&腹部

c
0.5
c
②車縫。
①夾入耳朵。
脇邊（正面）
b
b
0.5
頭（背面）

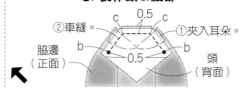

裁布圖

※■處是將紙型翻面使用。

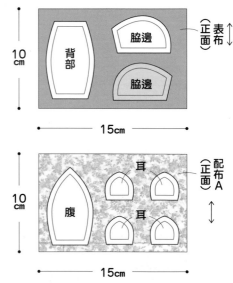

背部
脇邊
脇邊
10cm
15cm
表布（正面）

腹
耳
耳
10cm
15cm
配布A（正面）

頭
5cm
10cm
配布B（正面）

盒型口金包

完成尺寸	材料
寬17.5×長12.8×高6cm	表布（平織布）45cm×40cm／配布（平織布）50cm×15cm
原寸紙型	裡布（平織布）50cm×50cm／接著襯（薄）50cm×50cm
B面	接著鋪棉 50cm×50cm／5號繡線（米褐色）適量
	羊毛 適量／木串珠 直徑10mm 1顆
	盒型口金（寬17.5cm×高13cm）1組

4. 製作流蘇掛飾

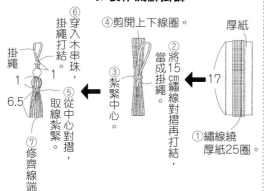

④剪開上下線圈。

②將15cm繡線對摺再打結，當成掛繩。

⑥穿入木串珠，掛繩打結。

⑤從中心對摺，取線紮緊。

③紮緊掛繩中心。

①繡線繞厚紙25圈。

厚紙 17

掛繩 1 1 6.5

⑦修齊線端。

5. 套疊表本體&裡本體

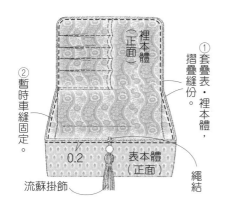

①套疊表・裡本體，摺疊縫份。

②暫時車縫固定。

裡本體（正面）

表本體（正面）

繩結

流蘇掛飾

0.2

6. 安裝口金

①在盒蓋側（溝槽朝內側的一方）的口金溝槽塗上白膠，將本體插入溝槽。
②以錐子將紙繩推入溝槽。

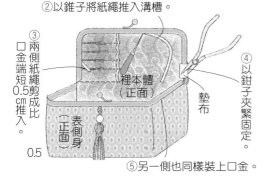

③兩側紙繩短0.5cm剪成比口金端推入。

④以鉗子夾緊固定。

⑤另一側也同樣裝上口金。

裡本體（正面）

墊布

表側身（正面）

0.5

盒型口金的安裝方法

https://www.boutique-sha.co.jp/cf-kuchigane/

※亦收錄於繁體中文版《手作誌54》別冊「手作基礎講義」P.33。

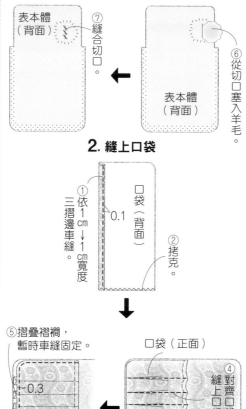

⑦縫合切口。

表本體（背面）

表本體（背面）

⑥從切口塞入羊毛。

2. 縫上口袋

①依1cm三摺邊車縫1cm寬度

0.1

□袋（背面）

②拷克。

⑤摺疊褶襉，暫時車縫固定。

□袋（正面）

0.3

裡本體（正面）

④縫上□袋

對齊□袋位置

0.2 ③摺疊。 1

裡本體（正面）

3. 縫合本體&側身

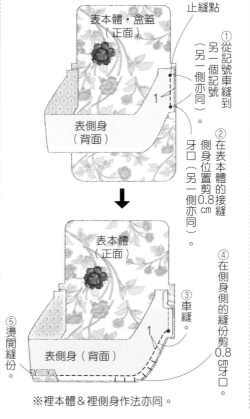

表本體・盒蓋（正面）

止縫點

①從記號車縫到另一個記號（另一側亦同）。

表側身（背面）

1

②在表本體位置的接縫牙口（另一側亦同）。

側身位置剪0.8cm牙口

表本體（正面）

③重縫

④在側身側的縫份剪0.8cm牙口。

表側身（背面）

⑤燙開縫份。

1

※裡本體&裡側身作法亦同。

裁布圖

※[░] 處需於整個背面燙貼接著襯，□處是再於上方燙貼接著鋪棉（縫份除外）。

※表布裁剪方式參照作法**1.**。

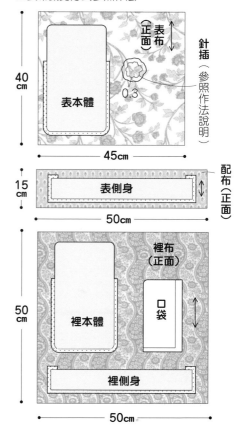

表布（正面）

40cm

表本體

針插（參照作法說明）

0.3

45cm

15cm 配布（正面） 表側身

50cm

50cm 裡布（正面）

裡本體 □袋

裡側身

50cm

1. 製作針插

①裁剪表布，讓喜愛的圖案呈現於盒蓋處。

喜愛的圖案

④在縫份剪牙口，沿著圖案摺向背面。

0.3

③剪取與喜愛圖案相同的花樣。

②剪切口

針插（正面）

盒蓋

表本體（正面）

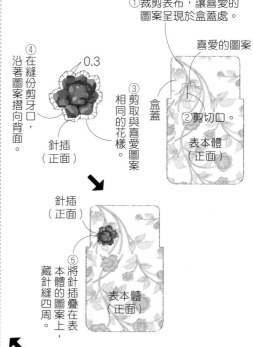

針插（正面）

⑤將針插疊在表本體的圖案上，藏針縫縫四周。

表本體（正面）

疊緣壁掛收納袋

完成尺寸
寬19.8×長50cm

原寸紙型
無

材料
疊緣A 約寬8cm 長200cm（若需對接花色，布料要多備一些）
疊緣B 約寬8cm 長200cm
裡布（棉布）50cm×20cm
四摺包邊斜布條 寬11mm 長160cm／雞眼釦 內徑11mm 4組

【疊緣裁剪圖】
※標示尺寸已含縫份。

| 表・裡本體A（各2片） | 疊緣A（正面） | 約8cm |
| 50cm | | |

| 表・裡本體B（各1片） | 疊緣B（正面） | 約8cm |
| 50cm | | |

疊緣B（正面） 表口袋A（2片） 約8cm
19.8cm

疊緣B（正面） 表口袋B（2片） 約8cm
23.8cm

【裁布圖】
裡布（正面） ※標示尺寸已含縫份。

	19.8	23.8	20cm
	15.4	15.4	
	裡口袋A	裡口袋B	

50cm

1. 製作本體

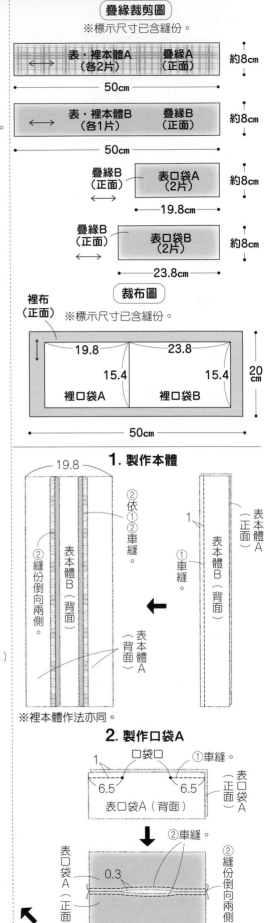

19.8

表本體B（背面） ②依①②車縫。 ②縫份倒向兩側。
表本體A ①車縫。 表本體B（背面）
②依①②車縫。 ②縫份倒向兩側。 表本體A（背面）
※裡本體作法亦同。

2. 製作口袋A

1 口袋口 ①車縫。
6.5 6.5 表口袋A（正面）
表口袋A（背面）

②車縫。
表口袋A（正面） 0.3 ②縫份倒向兩側。
表口袋A（正面）

3. 製作口袋B

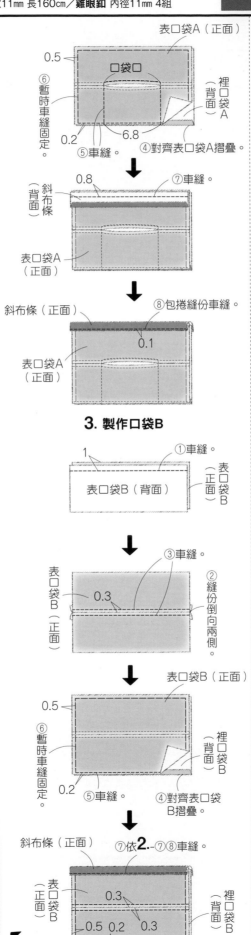

表口袋A（正面） 0.5 口袋口 ⑥暫時車縫固定。 裡口袋A（背面）
0.2 6.8 ⑤車縫。 ④對齊表口袋A摺疊。

0.8 斜布條（背面） ⑦車縫。
表口袋A（正面）

斜布條（正面） ⑧包捲縫份車縫。
0.1
表口袋A（正面）

1 ①車縫。
表口袋B（背面） 表口袋B（正面）

表口袋B（正面） ③車縫。 ②縫份倒向兩側。
0.3

表口袋B（正面）
0.5
⑥暫時車縫固定。 裡口袋B（背面）
0.2 ⑤車縫。 ④對齊表口袋B摺疊。

斜布條（正面） ⑦依2.-⑦⑧車縫。
表口袋B（正面） 裡口袋B（背面）
0.5 0.2 0.3

4. 縫上口袋＆滾邊

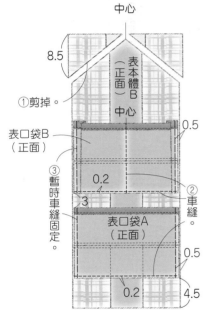

中心
8.5 表本體B（正面）中心
①剪掉。
表口袋B（正面） 0.5
③暫時車縫固定。 0.2 ②車縫。
3
表口袋A（正面） 0.5
0.2 4.5

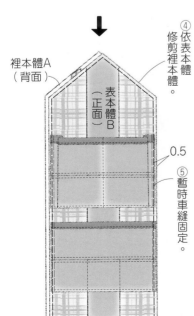

裡本體A（背面） ④依表本體修剪裡本體。
表本體B（正面）
0.5
⑤暫時車縫固定。

裡口袋B（正面）
0.2 表口袋B（正面）
⑨車縫。 ⑧摺疊。 2

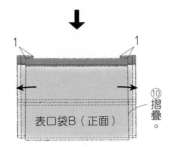

1 1
⑩摺疊。
表口袋B（正面）

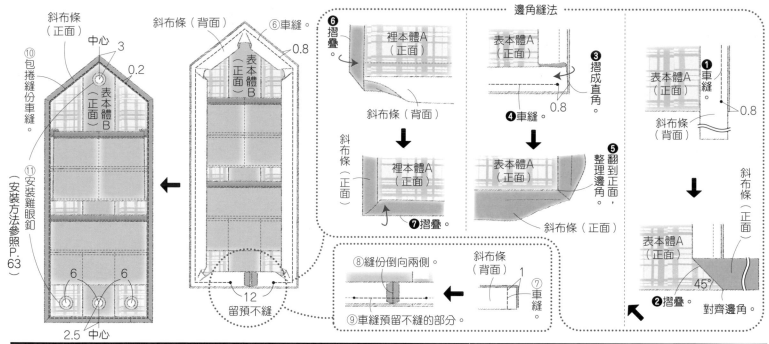

斜布條（正面）
中心 3
表本體B（正面）
0.2
⑩包捲縫份車縫。
斜布條（背面）
⑥車縫。
0.8
表本體B（正面）
⑪安裝雞眼釦（安裝方法參照P.63）
6　6
2.5 中心
表本體B（正面）
12
留預不縫

邊角縫法

⑥摺疊。
裡本體A（正面）
斜布條（背面）
斜布條（正面）
裡本體A（正面）
⑦摺疊。

表本體A（正面）
❸摺成直角。
0.8
❹車縫。
表本體A（正面）
❺翻到正面，整理邊角。
斜布條（正面）

表本體A（正面）
❶車縫。
0.8
斜布條（背面）
斜布條（正面）
表本體A（正面）
❷摺疊。　對齊邊角。
45°

⑧縫份倒向兩側。
斜布條（背面）
1
⑦車縫。
⑨車縫預留不縫的部分。

完成尺寸	材料
寬29×長10×側身2cm	疊緣A（約寬8cm 長130cm（若需對接花色，布料要多備一些）
原寸紙型	疊緣B 約寬8cm 長120cm（若需對接花色，布料要多備一些）
無	表布（棉布）10cm×10cm／金屬拉鍊 25cm 1條
	皮繩 寬5mm 長20cm

P.22_ No.30
疊緣 剪刀收納袋

---

⑥依④⑤車縫另一側。

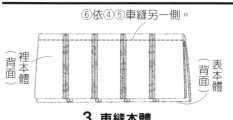

裡本體（背面）
表本體（背面）

3. 車縫本體

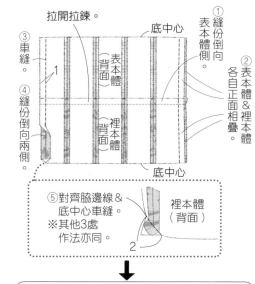

拉開拉鍊。
底中心
①縫份倒向表本體側。
③車縫。
1
④縫份倒向兩側。
表本體（背面）
裡本體（背面）
②表本體＆裡本體各自正面相疊。
底中心

⑤對齊脇邊線＆底中心車縫。
※其他3處作法亦同。
裡本體（背面）
2

Point!
要讓疊緣的縫份倒向兩側並不容易，
翻到正面時確認所有的縫份是否平整倒向兩側，
也是作品美觀好看的訣竅。

⑧參照P.95將拉鍊頭繫上皮繩（14cm）。

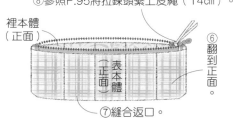

裡本體（正面）
表本體（正面）
⑥翻到正面。
⑦縫合返口。

---

④裡本體在一處預留返口，其餘依①至③車縫。

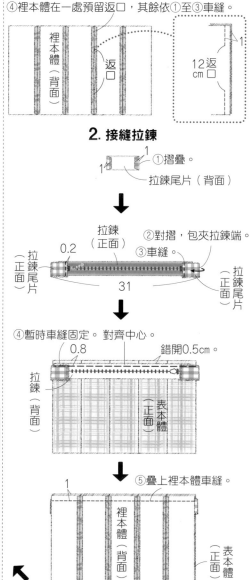

裡本體（背面）
返口
12返cm口
1

2. 接縫拉鍊

①摺疊。
1
拉鍊尾片（背面）

拉鍊（正面）
②對摺，包夾拉鍊端。
0.2
③車縫。
拉鍊尾片（正面）
拉鍊尾片（正面）
31

④暫時車縫固定。對齊中心。
0.8
錯開0.5cm。
拉鍊（背面）
表本體（正面）

⑤疊上裡本體車縫。
1
裡本體（背面）
表本體（正面）

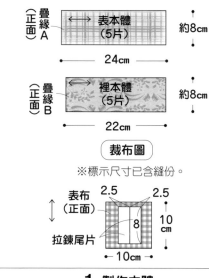

疊緣裁剪圖
※標示尺寸已含縫份。
疊緣A（正面）
表本體（5片）
約8cm
24cm
疊緣B（正面）
裡本體（5片）
約8cm
22cm

裁布圖
※標示尺寸已含縫份。
表布（正面）
2.5　2.5
8
10cm
拉鍊尾片
10cm

1. 製作本體

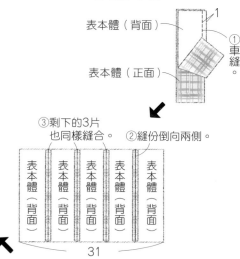

表本體（背面）
1
①車縫。
表本體（正面）

③剩下的3片也同樣縫合。
②縫份倒向兩側。
表本體（背面）
31

完成尺寸	材料
寬22.5×高15×側身16cm	**表布**（亞麻帆布）135cm×30cm
	配布（真皮）65cm×10cm／**裡布**（棉厚織79號）95cm×40cm
原寸紙型	**壓克力棉織帶** 寬25mm 長25cm／**接著襯**（中厚）100cm×40cm
C面	**雙開金屬拉鍊** 60cm 1條
	固定釦（面徑9mm 腳長7mm）2組

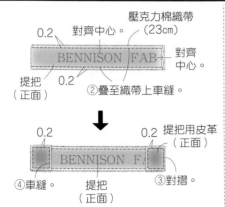

壓克力棉織帶
（23cm）
對齊中心。
0.2
BENNISON FAB
0.2
對齊中心。
提把（正面）
②疊至織帶上車縫。

0.2　0.2
提把用皮革（正面）
BENNISON F
④車縫。　提把（正面）　③對摺。

裁布圖

※除了表・裡蓋、表・裡底，及內口袋之外皆無原寸紙型，請依標示尺寸（已含縫份）直接裁剪。
※ 處需於背面燙貼接著襯。

30cm
1　表背布　1　16.4
16
表蓋　表底
3.2　1　表上本體
14.2　1　表下本體
62
提把 23
5
表布（正面）
135cm

裝飾用皮革 62×0.8cm
正面 配布
10cm
拉鍊頭皮繩 10×2.5cm
拉鍊尾片 4×2cm
提把用皮革 5×2.5cm
65cm

燙貼接著襯 3.2　裡上本體
山摺線
14.2　裡下本體
62
內口袋
裡背布 16.4　16　裡蓋　裡底
裡布（正面）
40cm
95cm

3. 製作表本體

表上本體（正面）
①摺疊未燙貼接著襯側的縫份。　1
表下本體（正面）

拉鍊尾片（正面）
表上本體（正面）
1　0.2　對齊中心。　②從背面側疊放拉鍊。　0.2
摺雙側
0.2
表下本體（正面）
拉鍊（正面）
③疊上裝飾用皮革車縫。
④對摺，暫時車縫固定。
※另一側作法亦同。

表下本體（正面）　表上本體（正面）
1　1
表背布（背面）
表背布（背面）
⑥縫份倒向表背布側。
⑤表上・下本體＆表背布正面相對車縫。

表上本體（正面）　表下本體（正面）
表背布（正面）
0.2　0.2
⑦翻到正面車縫。

裡蓋（正面）中心
內口袋（正面）
0.5
0.5
⑦車縫。
⑥暫時車縫固定。

0.7
⑨車縫。
裡蓋（背面）
裡上本體（背面）
裡下本體（背面）
0.7
裡背布（背面）
裡底（正面）
⑧裡上本體＆裡蓋正面相疊。
⑩裡下本體＆裡底正面相疊車縫。

裡蓋（背面）
裡上本體（背面）
裡背布（背面）
裡下本體（背面）
裡底（背面）
⑪裡蓋的縫份倒向裡上本體側車縫。
⑫裡底的縫份倒向裡下本體側車縫。

2. 接縫提把

提把（正面）
①兩側摺往中央接合。

1. 製作裡本體

裡上本體（正面）
0.2　①摺疊縫份車縫。　1
0.2　1
裡下本體（正面）

裡上本體（正面）
裡下本體（背面）
裡背布（背面）
1　1
空出1cm
③縫份倒向裡背布側。
②裡上・下本體＆裡背布正面相疊車縫。

裡上本體（背面）　裡下本體（背面）
裡背布（正面）
0.2　0.2
④翻到正面車縫。

摺雙　0.5
內口袋（正面）
⑤內口袋背面相向對摺車縫。

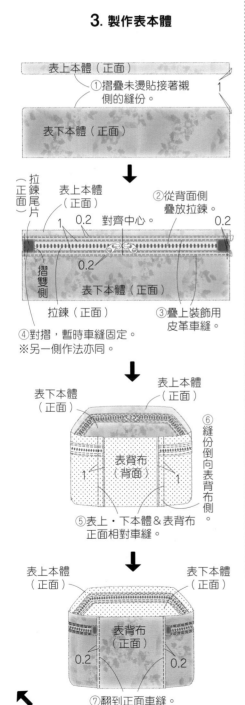
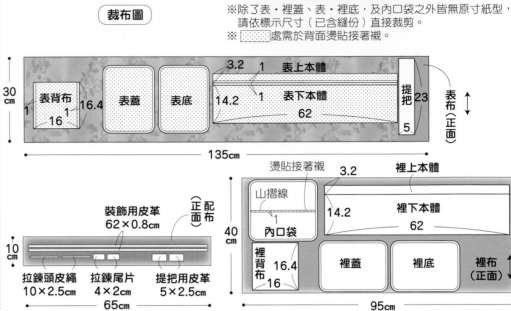
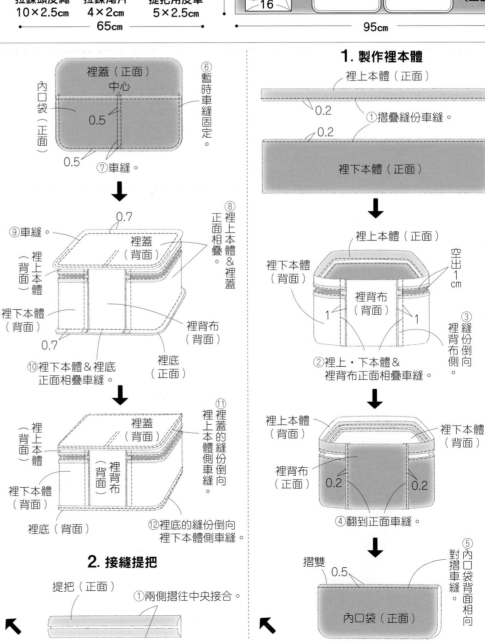

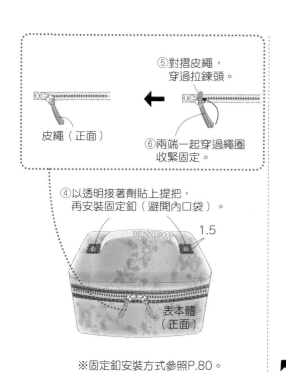

⑤對摺皮繩，穿過拉鍊頭。

⑥兩端一起穿過繩圈收緊固定。

皮繩（正面）

④以透明接著劑貼上提把，再安裝固定釦（避開內口袋）。

BENNISON

1.5

表本體（正面）

※固定釦安裝方式參照P.80。

4. 套疊表本體&裡本體

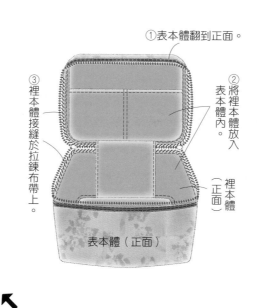

①表本體翻到正面。

②將裡本體放入表本體內。

③裡本體接縫於拉鍊布帶上。

表本體（正面）

裡本體（正面）

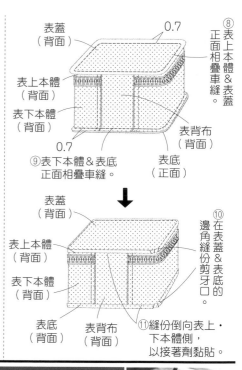

表蓋（背面）　0.7

表上本體（背面）

⑧表上本體正面相疊車縫&表蓋。

表下本體（背面）

表背布（背面）

0.7

表底（正面）

⑨表下本體&表底正面相疊車縫。

表蓋（背面）

表上本體（背面）

⑩在表蓋&表底的邊角縫份剪牙口。

表下本體（背面）

表底（背面）

表背布（背面）

⑪縫份倒向表上‧下本體側，以接著劑黏貼。

完成尺寸	材料
寬7.5×長7.5cm	表布A（平織布）15cm×15cm
	表布B（平織布）15cm×15cm
原寸紙型	木串珠 10mm 1顆／丸大串珠 1顆
無	羊毛 適量／25號繡線 適量

P.23_ No.33

Biscornu針插

2. 製作流蘇掛飾

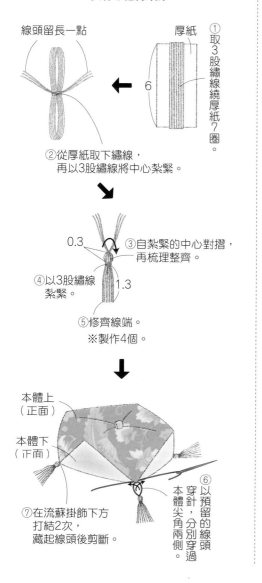

線頭留長一點

厚紙

6

①取3股繡線繞厚紙7圈。

②從厚紙取下繡線，再以3股繡線將中心紮緊。

0.3

③自紮緊的中心對摺，再梳理整齊。

④以3股繡線紮緊。

1.3

⑤修齊線端。

※製作4個。

本體上（正面）

本體下（正面）

⑦在流蘇掛飾下方打結2次，藏起線頭後剪斷。

⑥以本體尖端預留角分別穿過兩側的線頭各自穿過。

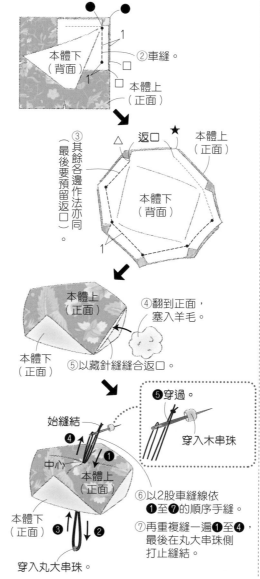

●　●

本體下（背面）

1

②車縫。

□

□

本體上（正面）

1

③其餘各邊作法亦同（最後要預留返口）。

返口

△　★

本體上（正面）

本體下（背面）

1

本體上（正面）

④翻到正面，塞入羊毛。

本體下（正面）

⑤以藏針縫縫合返口。

始縫結

中心

❹

❶

本體上（正面）

本體下（正面）

❸ ↓↑ ❷

穿入丸大串珠。

⑤穿過。

穿入木串珠

⑥以2股車縫線依❶至❼的順序手縫。

⑦再重複縫一遍❶至❹，最後在丸大串珠側打止縫結。

裁布圖

※標示尺寸已含縫份。

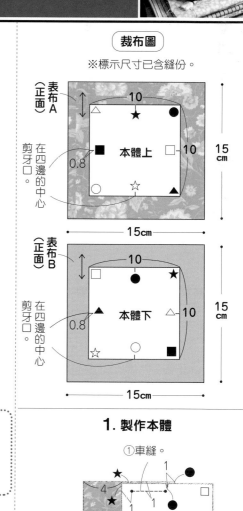

表布A（正面）

△　★　●

10

■　本體上　□　10

15cm

0.8

○　☆　▲

在四邊的中心剪牙口

15cm

表布B（正面）

□　●　★

10

▲　本體下　△　10

15cm

0.8

☆　○　■

在四邊的中心剪牙口

15cm

1. 製作本體

①車縫。

★　●

4

1　1

★　●

本體下（背面）

本體上（正面）

1

□

完成尺寸

寬30×高17×側身10cm
（提把20cm）

原寸紙型

C面

材料

表布（亞麻）35cm×50cm／**裡布**（棉厚織79號）60cm×50cm

配布（真皮）35cm×20cm／**接著襯**（不織布中厚）35cm×50cm

軟襯墊（厚0.3mm）40cm×5cm／**橡皮膠** 適量

軟襯墊（厚0.8mm）20cm×10cm

壓克力棉織帶 寬2cm 長60cm・寬3cm 長150cm／**日型環** 30mm 1個

D型環 20mm 2個／**問號鉤** 30mm 2個／**彈簧壓釦** 12.5mm 1組

P.26_ No.**35**
2way托特包

---

3. 製作表本體

①穿過D型環對摺。

②暫時車縫固定。

D型環

0.5

吊耳（壓克力棉織帶・寬2cm 長5cm）
※製作2個。

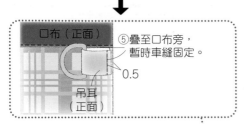

口布（正面）

⑤疊至口布旁，
暫時車縫固定。

0.5

吊耳（正面）

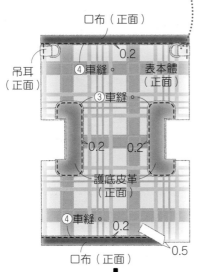

口布（正面）

吊耳（正面）

0.2

④車縫。

表本體（正面）

③車縫。

0.2　0.2

護底皮革（正面）

④車縫。

0.2

口布（正面）

0.5

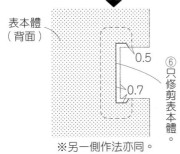

表本體（背面）

0.5

0.7

⑥只修剪表本體。

※另一側作法亦同。

⑦依**2.**-①至④車縫。

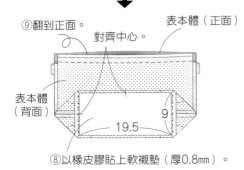

⑨翻到正面。

對齊中心。

表本體（正面）

表本體（背面）

19.5

9

⑧以橡皮膠貼上軟襯墊（厚0.8mm）。

---

⑤車縫。

0.2

1

內口袋B（正面・表側）

摺疊

3

摺疊

0.2

內口袋B（正面・表側）

④車縫。

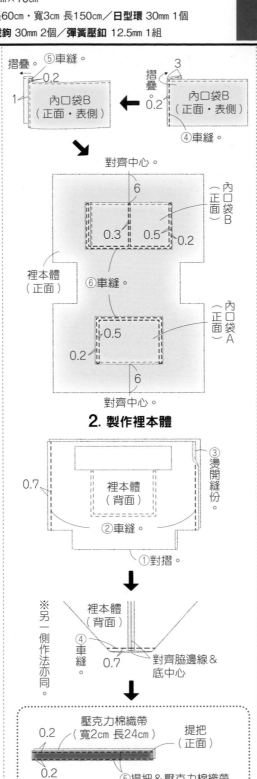

對齊中心。

6

裡本體（正面）

0.3　0.5

0.2

內口袋B（正面）

⑥車縫。

0.5

0.2

內口袋A（正面）

6

對齊中心。

2. 製作裡本體

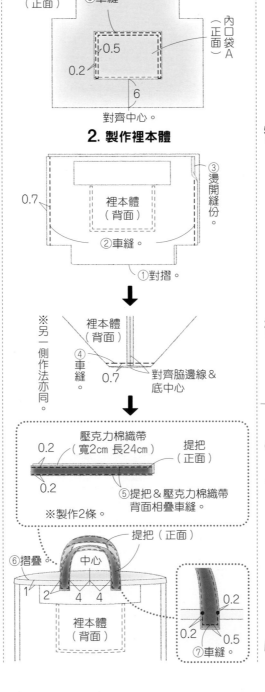

0.7

裡本體（背面）

②車縫。

③燙開縫份。

①對摺。

裡本體（背面）

④車縫。

0.7

對齊脇邊線&底中心

※另一側作法亦同。

壓克力棉織帶（寬2cm 長24cm）

0.2

0.2

提把（正面）

⑤提把&壓克力棉織帶背面相疊車縫。

※製作2條。

提把（正面）

⑥摺疊

中心

1　2　4　4

裡本體（背面）

0.2

0.5

⑦車縫。

裁布圖

※表・裡本體、口布及提把無原寸紙型，
　請依標示尺寸（已含縫份）直接裁剪。

※▨ 處需於背面燙貼接著襯。

※□ 處需於背面以橡皮膠（只塗上半部）
　貼上軟襯墊（厚0.3mm）。

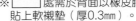

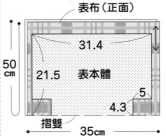

表布（正面）

31.4

21.5

表本體

50cm

5

4.3

摺雙

35cm

▨=塗上橡皮膠位置

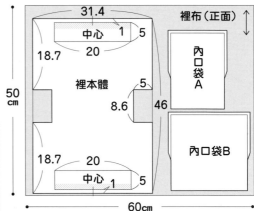

31.4

中心　1　5

18.7　20

裡本體

5

8.6

裡布（正面）

內口袋A

46

內口袋B

50cm

18.7　20

中心　1　5

60cm

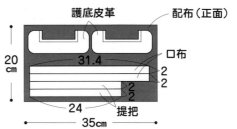

護底皮革　配布（正面）

31.4

口布

20cm

2

2

2

24

提把

35cm

1. 縫上內口袋

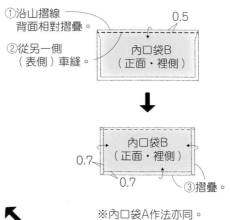

①沿山摺線背面相對摺疊。

0.5

②從另一側（表側）車縫。

內口袋B（正面・裡側）

內口袋B（正面・裡側）

0.7

0.7

③摺疊。

※內口袋A作法亦同。

96

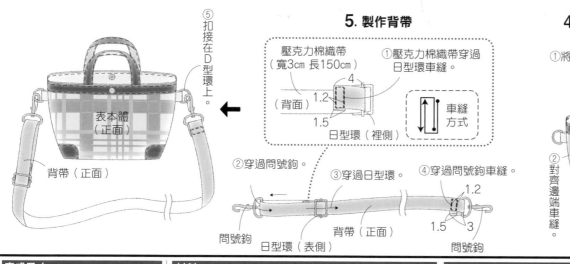

5. 製作背帶

壓克力棉織帶
（寬3cm 長150cm）

①壓克力棉織帶穿過
日型環車縫。

4

（背面）

1.2

1.5

日型環（裡側）

車縫
方式

②穿過問號鉤。

③穿過日型環。

④穿過問號鉤車縫。

1.2

1.5 3

問號鉤

問號鉤

日型環（表側）

背帶（正面）

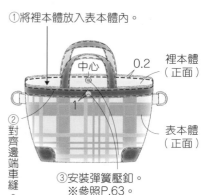

4. 套疊表本體&裡本體

①將裡本體放入表本體內。

0.2

裡本體
（正面）

中心

1

②對齊邊端車縫。

表本體
（正面）

③安裝彈簧壓釦。
※參照P.63。

⑤扣接在D型環上。

表本體
（正面）

背帶（正面）

完成尺寸	材料
寬35×高9cm	疊緣 約8cm 長160cm（若需對接花色，布料要多備一些）
	裡布（棉布）60cm×30cm
原寸紙型	塑膠四合釦 10mm 3組
A面	四摺包邊斜布條 寬11mm 長70cm

P.22_ No.**29**
疊緣量尺收納袋

裡本體
（背面）

0.5

⑥暫時車縫固定。

表本體（正面）

④翻到正面。

0.5

0.5

⑤車縫。

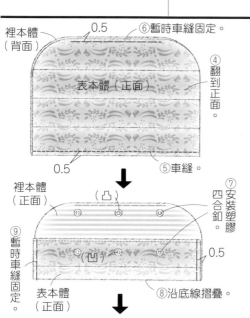

裡本體
（正面）

（凸）

⑦安裝塑膠四合釦。

⑨暫時車縫固定。

（凹）

0.5

表本體
（正面）

⑧沿底線摺疊。

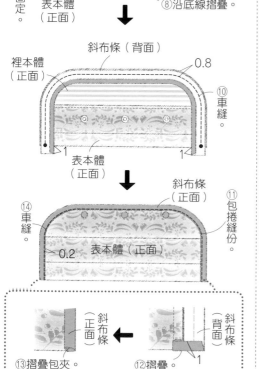

斜布條（背面）

裡本體
（正面）

0.8

⑩車縫。

1 1

表本體
（正面）

斜布條
（正面）

⑪包捲縫份。

⑭車縫。

0.2 表本體（正面）

斜布條
（正面）

斜布條
（背面）

1

⑬摺疊包夾。

⑫摺疊。

口袋（正面）

5

0.2

0.2

⑨車縫。

裡本體（正面）

⑧沿⑦的針趾摺疊。

2. 製作表本體

表本體（背面）

1

①車縫。

表本體（正面）

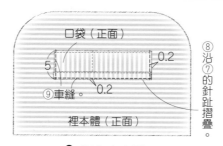

③剩下的2片縫法亦同

表本體（正面）

表本體（正面）

表本體（正面）

表本體（正面）

②縫份倒向兩側。

3. 套疊表本體&裡本體

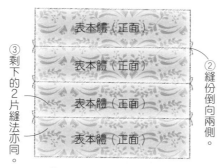

③對齊裡本體的圓弧邊修剪表本體。

裡本體（背面）

表本體（正面）

②縫份倒向兩側。

①車縫。

1

疊緣裁剪圖

※標示尺寸已含縫份。

疊緣
（正面）

表本體（4片）

約8cm

35cm

裁布圖

※口袋無原寸紙型，請依標示尺寸
（已含縫份）直接裁剪。

裡布（正面）

16

裡本體

19

口袋

30cm

60cm

---

1. 製作內口袋

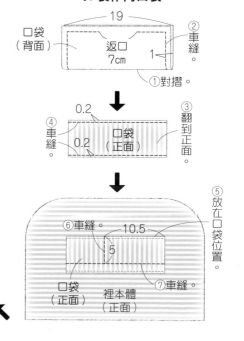

口袋
（背面）

19

②車縫。

返口
7cm

1

①對摺。

0.2

④車縫

口袋（正面）

0.2

③翻到正面。

⑥車縫。

10.5

5

⑤放在口袋位置。

口袋
（正面）

裡本體
（正面）

⑦車縫。

1

完成尺寸
寬58×高39×側身19cm
（提把A 64cm・提把B 28cm）

原寸紙型
無

材料
表布（CEBONNER）140cm×130cm
配布A（CEBONNER）110cm×50cm
配布B（CEBONNER）110cm×70cm

裁布圖
※標示尺寸已含縫份。

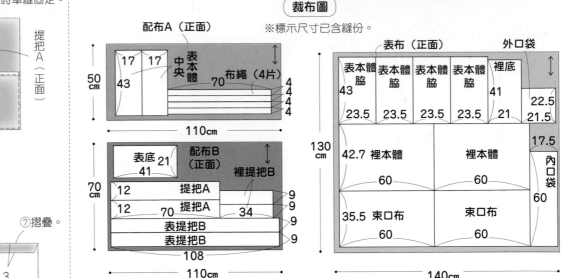

配布A（正面）
17　17
中央表本體
43
70　布繩（4片）
4
4
4
4
50cm
110cm

表底 21
41
配布B（正面）
裡提把B
12　提把A
12　70 提把A　34
表提把B
表提把B
108
70cm
110cm

表布（正面）　外口袋

表本體脇	表本體脇	表本體脇	表本體脇	裡底	
43				41	22.5
23.5	23.5	23.5	23.5	21	21.5

裡本體 42.7　裡本體　　17.5　內口袋
60　60　60
束口布 35.5　束口布
60　60
130cm
140cm

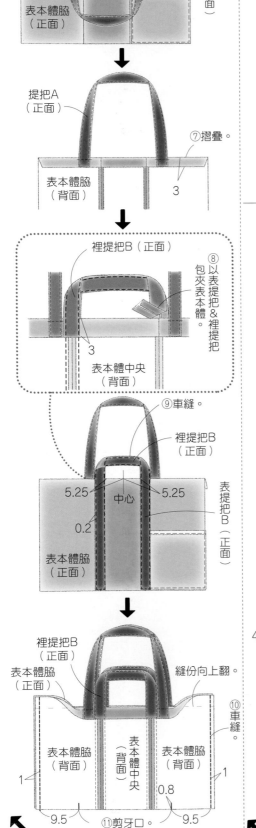

2.5　9.75　9.75　⑥暫時車縫固定。
中心
提把A（正面）
表本體脇（正面）

提把A（正面）
⑦摺疊。
表本體脇（背面）　3

裡提把B（正面）
⑧以包夾表本體&裡提把
表本體中央（背面）　3

⑨車縫。
裡提把B（正面）
5.25　中心　5.25
0.2
表本體脇（正面）
表提把B（正面）

裡提把B（正面）
表本體脇（正面）
縫份向上翻。
⑩車縫。
表本體脇（背面）　表本體中央（背面）　表本體脇（背面）
1　1
0.8
9.5　①剪牙口。　9.5

3. 縫上外口袋

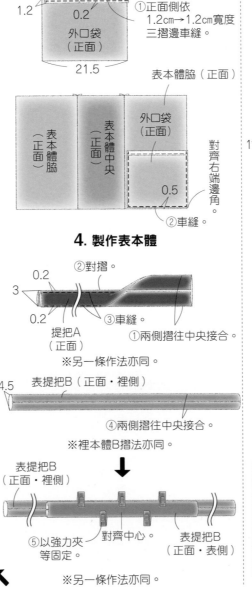

1.2
1.2　1.2
0.2
外口袋（正面）
①正面側依1.2cm→1.2cm寬度三摺邊車縫。
21.5

表本體脇（正面）
表本體脇（正面）　表本體中央（正面）　外口袋（正面）
對齊右端邊角。
0.5
②車縫。

4. 製作表本體

②對摺。
0.2
3
0.2
③車縫。
提把A（正面）
①兩側摺往中央接合。
※另一條作法亦同。

4.5
表提把B（正面・裡側）
④兩側摺往中央接合。
※裡本體B摺法亦同。

表提把B（正面・裡側）
表提把B（正面・表側）
⑤以強力夾等固定。
對齊中心。
※另一條作法亦同。

1. 製作布繩

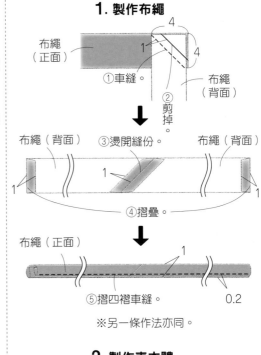

布繩（正面）
①車縫。
4
1
4
②剪掉。
布繩（背面）

布繩（背面）　③燙開縫份。　布繩（背面）
1
1　1
④摺疊。

布繩（正面）　1
⑤摺四褶車縫。　0.2
※另一條作法亦同。

2. 製作表本體

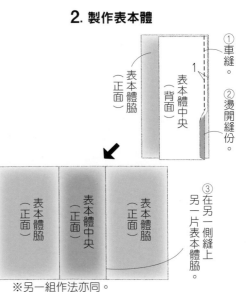

表本體脇（正面）　表本體中央（背面）
1
①車縫。
②燙開縫份。

表本體脇（正面）　表本體中央（正面）　表本體脇（正面）
③在另一側縫上另一片表本體脇。
※另一組作法亦同。

98

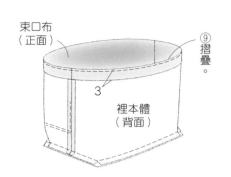

束口布（正面）
⑨摺疊。
3
裡本體（背面）

7. 套疊表本體＆裡本體

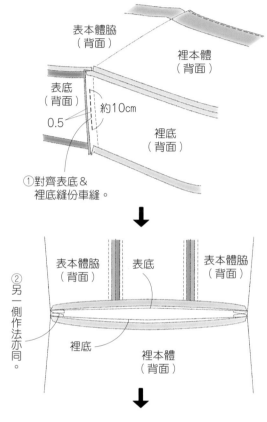

表本體脇（背面）
裡本體（背面）
表底（背面）
約10cm
0.5
裡底（背面）
①對齊表底＆裡底縫份車縫。

②另一側作法亦同。
表本體脇（背面）
表底
表本體脇（背面）
裡底
裡本體（背面）

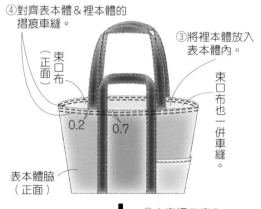

④對齊表本體＆裡本體的摺痕車縫。
③將裡本體放入表本體內。
束口布（正面）
束口布也一併車縫。
0.2
0.7
表本體脇（正面）

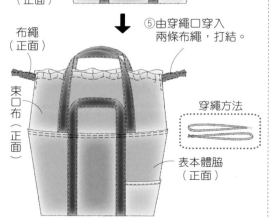

⑤由穿繩口穿入兩條布繩，打結。
布繩（正面）
束口布（正面）
穿繩方法
表本體脇（正面）

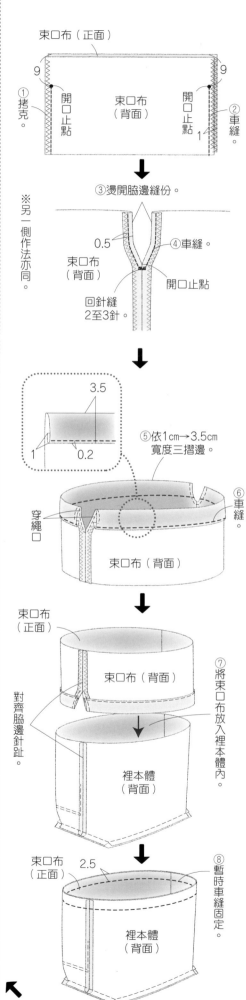

6. 製作束口布

束口布（正面）
9　9
①拷克。
開口止點　開口止點
束口布（背面）
②車縫。
1
※另一側作法亦同。

③燙開脇邊縫份。
0.5
④車縫。
束口布（背面）
開口止點
回針縫2至3針。

3.5
1　0.2

⑤依1cm→3.5cm寬度三摺邊。
⑥車縫。
穿繩口
束口布（背面）

束口布（正面）
⑦將束口布放入裡本體內。
對齊脇邊針趾
裡本體（背面）

束口布（正面）
2.5
⑧暫時車縫固定。
裡本體（背面）

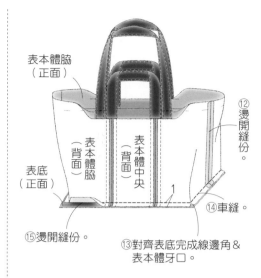

表本體脇（正面）
⑫燙開縫份。
表本體脇（背面）
表本體中央（背面）
表底（正面）
⑭車縫。
⑮燙開縫份。
⑬對齊表底完成線邊角＆表本體牙口。

5. 製作裡本體

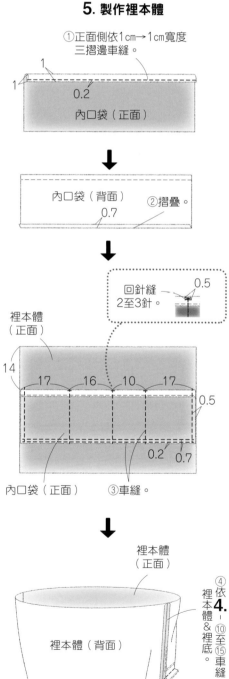

①正面側依1cm→1cm寬度三摺邊車縫。
1
1
0.2
內口袋（正面）

內口袋（背面）
②摺疊。
0.7

回針縫2至3針。
0.5

裡本體（正面）
14
17　16　10　17
0.5
0.2　0.7
內口袋（正面）
③車縫。

裡本體（正面）
裡本體（背面）
④依裡本體＆裡底4.⑩至⑮車縫。
⑤燙開縫份。
1
裡底（正面）

完成尺寸	材料
寬23×高28×側身12cm	表布（Stylish Nylon）75cm×80cm／梯釦 25mm 2個
	裡布（滌塔夫）80cm×70cm／布用雙面膠 寬5mm
原寸紙型	接著襯A（背膠型泡棉接著襯1.5mm）35cm×55cm
C面	接著襯B（貼紙型）60cm×25cm／尼龍織帶 寬25mm 長170cm
	雙開金屬拉鍊 60cm 1條／金屬拉鍊 20cm 1條
	羅紋布條 寬2cm 長240cm
	※注意，這是用於包捲縫份的布條，而非羅紋緞帶。

4. 製作側身

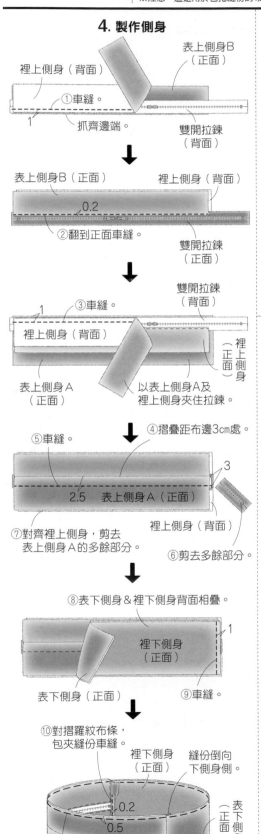

※表上側身A・B、裡上側身、表・裡下側身、口袋上・下側身及背帶無原寸紙型，請依標示尺寸（已含縫份）直接裁剪。
※　　　處需於背面黏貼接著襯A（背膠型泡棉接著襯）。
※　　　處需於背面黏貼接著襯B（貼紙型）。

裁布圖

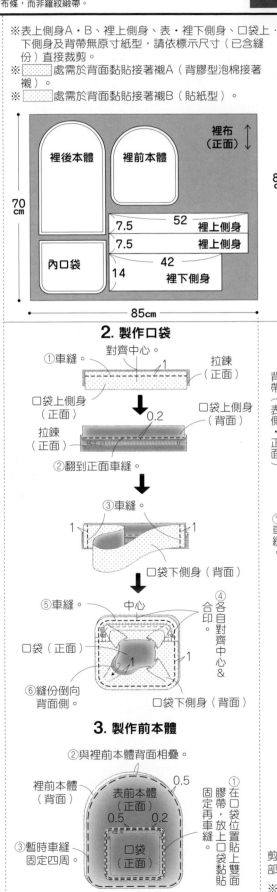

2. 製作口袋

3. 製作前本體

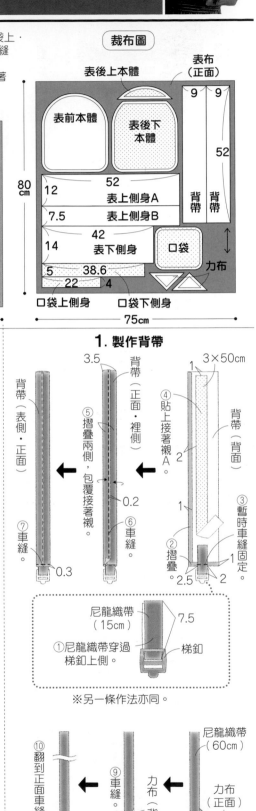

1. 製作背帶

7. 對齊本體&側身

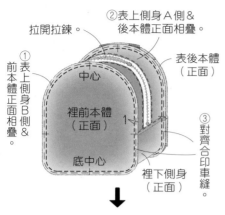

拉開拉鍊。
②表上側身A側&後本體正面相疊。
①表上側身B側&前本體正面相疊。
中心
裡前本體（正面）
底中心
表後本體（正面）
1
③對齊合印車縫。
裡下側身（正面）

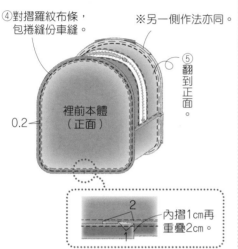

④對摺羅紋布條，包捲縫份車縫。
⑤翻到正面。
裡前本體（正面）
0.2
※另一側作法亦同。

內摺1cm再重疊2cm。
2
1

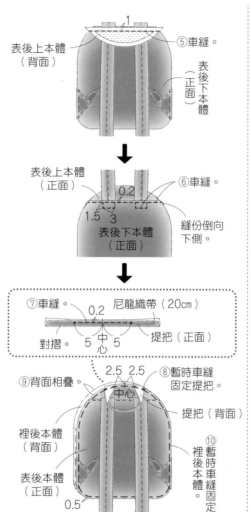

表後上本體（背面）
1
⑤車縫。
表後下本體（正面）

表後上本體（正面）
0.2
1.5 3
表後下本體（正面）
⑥車縫。
縫份倒向下側。

⑦車縫。
0.2
尼龍織帶（20cm）
對摺
5 中心 5
提把（正面）

⑨背面相疊。
2.5 2.5
中心
⑧暫時車縫固定提把。
提把（背面）
裡後本體（背面）
表後本體（正面）
⑩暫時車縫固定裡後本體。
0.5

---

5. 製作內口袋

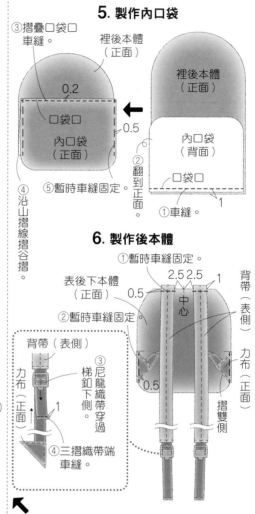

③摺疊口袋口車縫。
裡後本體（正面）
0.2
口袋口
內口袋（正面）
0.5
④沿山摺線摺谷摺
⑤暫時車縫固定。

裡後本體（正面）
內口袋（背面）
②翻到正面。
口袋口
①車縫。
1

6. 製作後本體

①暫時車縫固定。
2.5 2.5 1
表後下本體（正面）
0.5
②暫時車縫固定
中心
背帶（表側）
力布（正面）
0.5
摺雙側

背帶（表側）
力布（正面）
③尼龍織帶穿過梯釦下側。
1
④三摺織帶端車縫。

完成尺寸	材料	P.49_ No.**50**
直徑15.5×高8.5×底7.5cm	表布（牛津布）10cm×20cm 8片	**南瓜型收納盒**

原寸紙型
D面 或 **下載**
※下載方法參照 P.11

材料
表布（牛津布）10cm×20cm 8片
配布（牛津布）15cm×15cm
裡布（牛津布）45cm×35cm
接著襯（中薄）35cm×30cm

---

2. 製作裡本體

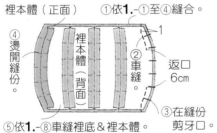

裡本體（正面）
①依1.-①至④縫合。
1
裡本體（背面）
②車縫。
返口6cm
④燙開縫份。
③在縫份剪牙口。
⑤依1.-⑧車縫裡底&裡本體。

3. 套疊表本體&裡本體

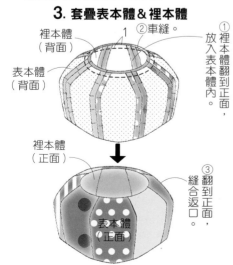

裡本體（背面）
1
②車縫。
①裡本體翻到正面，放入表本體內。
表本體（背面）

裡本體（正面）
③縫合返口。
③翻到正面，縫合返口。
表本體（正面）

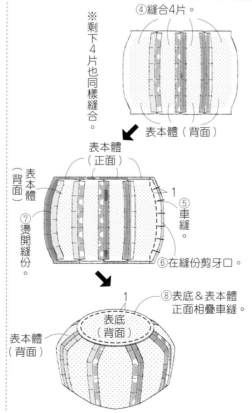

④縫合4片。
※剩下4片也同樣縫合。
表本體（背面）

表本體（正面）
表本體（背面）
1
⑤車縫。
⑦燙開縫份。
⑥在縫份剪牙口。

1
⑧表底&表本體正面相疊車縫。
表底（背面）
表本體（背面）

裁布圖

※ 處需於背面沿完成線燙貼接著襯。

15cm
1
表底
配布（正面）
15cm

20cm
1
表本體（正面）
10cm
8片

裡布（正面）
35cm
裡本體 裡本體 裡本體 裡本體
裡本體 裡本體 裡本體 裡本體
裡底
45cm

1. 製作表本體

③燙開縫份。
表本體（背面）

①車縫。
1
表本體（背面）
表本體（正面）
②在縫份剪牙口。

完成尺寸	材料
寬60×高26×側身12cm （提把36cm）	表布（棉輕帆布）137cm×30cm
	配布（棉麻輕帆布）110cm×60cm
原寸紙型	裡布（密織平紋棉布）108cm×130cm
B面	接著襯（medium）92cm×95cm
	圓繩 粗0.5cm 長250cm／底板 35cm×10cm

P.32_ No.40
束口船型托持包

裁布圖

※束口布無原寸紙型，請依標示尺寸（已含縫份）直接裁剪。
※ ▨ 處需於背面燙貼接著襯。

配布
（正面）↓↑

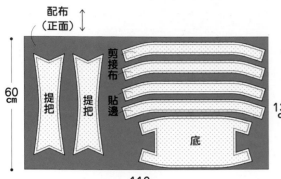

60cm

提把　提把　剪接布　貼邊　底

110cm

130cm

裡布（正面）↑

裡本體
28.5　28.5
束口布　28.5×63cm　束口布
摺雙　摺雙
108cm

表布（正面）

30cm　摺雙

表本體

137cm

---

4. 接縫貼邊、束口布

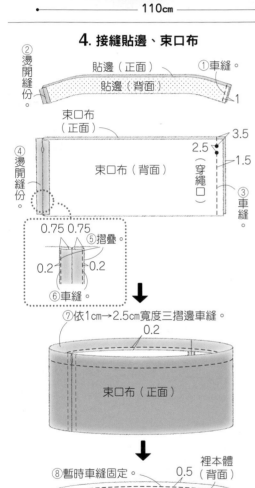

②燙開縫份。
貼邊（正面）
貼邊（背面）
①車縫。
1

④燙開縫份。
束口布（正面）
束口布（背面）
3.5　2.5（穿繩口）1.5
③車縫。

0.75　0.75
⑤摺疊。
0.2　0.2
⑥車縫。

⑦依1cm→2.5cm寬度三摺邊車縫。
0.2
束口布（正面）

⑧暫時車縫固定。
0.5
裡本體（背面）
束口布（正面）

⑨車縫。
1
裡本體（背面）
貼邊（背面）
束口布（正面）

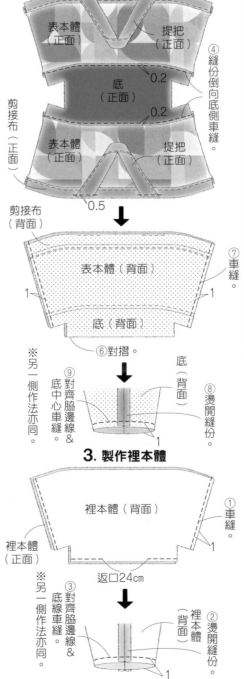

⑤暫時車縫固定。
0.5
剪接布（正面）
表本體（正面）
提把（正面）
底（正面）0.2　0.2
剪接布（正面）
表本體（正面）
提把（正面）
④縫份倒向底側車縫。
0.5

剪接布（背面）

⑦車縫。
表本體（背面）
1　1
底（背面）
⑥對摺。

※另一側作法亦同。

⑨對齊脅邊線&底中心車縫。
底（背面）
⑧燙開縫份。
1

3. 製作裡本體

裡本體（背面）
①車縫。
裡本體（正面）
返口24cm

※另一側作法亦同。

②燙開縫份。
裡本體（背面）

③對齊脅邊線&底線車縫。
裡本體（背面）
1

※另一側作法亦同。

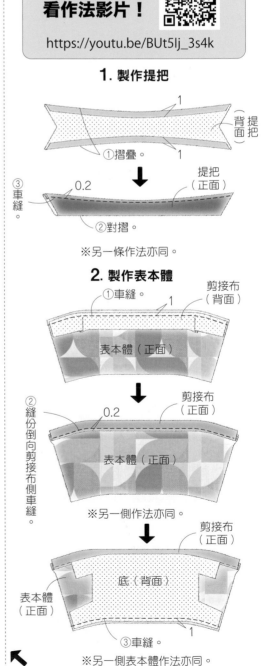

掃QR Code
看作法影片！

https://youtu.be/BUt5lj_3s4k

1. 製作提把

1　1
提把（背面）
①摺疊。

③車縫。
0.2
②對摺。
提把（正面）

※另一條作法亦同。

2. 製作表本體

①車縫。
1
剪接布（背面）
表本體（正面）

②縫份倒向剪接布側車縫。
0.2
剪接布（正面）
表本體（正面）

※另一側作法亦同。

剪接布（正面）
表本體（正面）
底（背面）
③車縫。
1

※另一側表本體作法亦同。

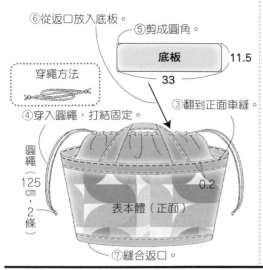

⑥從返口放入底板。

⑤剪成圓角。

底板　11.5

33

穿繩方法

④穿入圓繩，打結固定。

③翻到正面車縫。

圓繩 125cm・2條

表本體（正面）

0.2

⑦縫合返口。

5. 套疊表本體＆裡本體

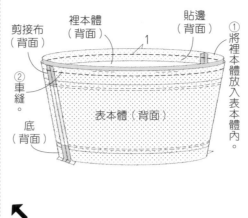

剪接布（背面）

裡本體（背面）

貼邊（背面）

①將裡本體放入表本體內。

②車縫。

1

表本體（背面）

0.2

底（背面）

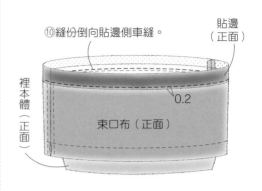

⑩縫份倒向貼邊側車縫。

貼邊（正面）

裡本體（正面）

0.2

束口布（正面）

完成尺寸	材料（■…S・■…M）	
寬16.5×高11×側身7.5cm 寬21.5×高12.5×側身8.5cm	表布（棉輕帆布）137cm×20cm・137cm×25cm	P.33_ No.41
	裡布（棉平織布）87cm×20cm・87cm×25cm	立體化妝波奇包
原寸紙型	接著襯（swany soft）92cm×20cm・92cm×25cm	S・M
D面	線圈拉鍊 15cm・20cm 1條	

掃QR Code 看作法影片！
https://youtu.be/FCQ38aF9ncw

※另一側作法亦同。

拉開拉鍊。

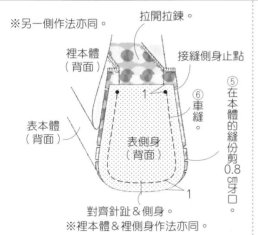

裡本體（背面）

接縫側身止點

表本體（背面）

⑤

1

⑥車縫。

表側身（背面）

⑤在本體的縫份剪0.8cm牙口。

1

對齊針趾＆側身。
※裡本體＆裡側身作法亦同。

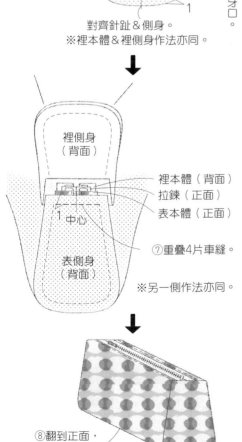

裡側身（背面）

裡本體（背面）

拉鍊（正面）

表本體（正面）

1中心

⑦重疊4片車縫。

表側身（背面）

※另一側作法亦同。

⑧翻到正面，縫合返口。

---

③縫份倒向表本體側車縫。

拉鍊（正面）

裡本體（正面）

1

0.2

表本體（正面）

避開裡本體

↓

表本體（正面）

拉鍊（正面）

裡本體（背面）

表本體（正面）

④另一側也同樣接縫拉鍊。

2. 製作本體

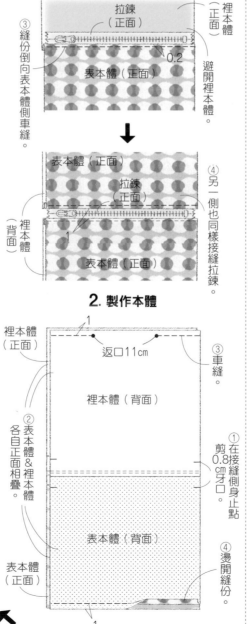

裡本體（正面）

1

返口11cm

③車縫。

裡本體（背面）

②各自正面相疊。

①剪0.8接縫側身止點牙口。

②表本體＆裡本體各自正面相疊。

表本體（背面）

①在接縫側身止點。

④燙開縫份。

1

表本體（正面）

裁布圖

※表・裡底本體無原寸紙型，請依標示尺寸（已含縫份）直接裁剪。

※ ▨ 處需於背面燙貼接著襯（僅表布）。

※ I 處需加上合印。

※ ■…S・■…M

表・裡布（正面）

2.7
3.2

20・25cm

接縫側身止點

17.7
20

表・裡本體

接縫側身止點

18.5
23.5

表・裡側身

摺雙

137・87cm

1. 接縫拉鍊

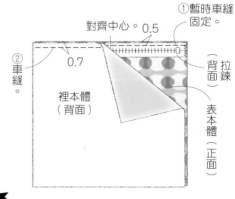

對齊中心。0.5

①暫時車縫固定。

②車縫。

0.7

裡本體（背面）

①拉鍊（背面）

裡本體（正面）

表本體（正面）

萬用口袋包

完成尺寸	材料
寬39×高27×側身10cm（提把43cm）	表布（麻厚平織布）110cm×70cm
原寸紙型	裡布（棉麻帆布）110cm×50cm
B面	接著襯（swany soft）92cm×70cm
	插式磁釦 18mm 1組

掃QR Code
看作法影片！

https://youtu.be/BprDvbrV0cU

裁布圖

※提把無原寸紙型，請依標示尺寸
（已含縫份）直接裁剪。
※▨▨處需於背面燙貼接著襯。

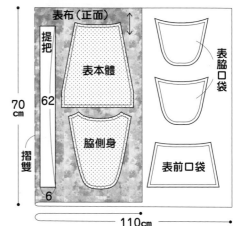

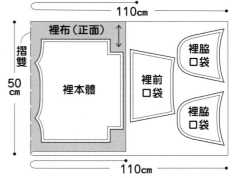

裡本體（背面）
⑤車縫。
脇側身（背面）
表本體（背面）
表本體（背面）

↓

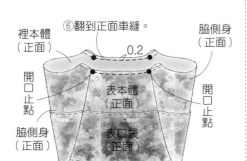

裡本體（正面）
⑥翻到正面車縫。
脇側身（正面）
0.2
開口止點
表本體（正面）
開口止點
脇側身（正面）
表口袋（正面）

↓

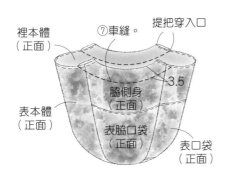

裡本體（正面）
⑦車縫。
提把穿入口
脇側身（正面）
3.5
表本體（正面）
表脇口袋（正面）
表口袋（正面）

4. 製作提把

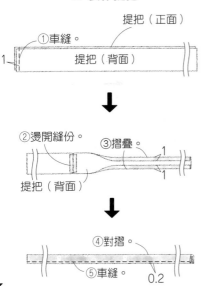

提把（正面）
①車縫。
提把（背面）
1

↓

②燙開縫份。
③摺疊。
提把（背面）

↓

④對摺。
⑤車縫。
0.2

---

⑧翻到正面車縫。
⑨暫時車縫固定。
脇側身（正面）
0.2
表脇口袋（正面）
0.5

※另一組作法亦同。

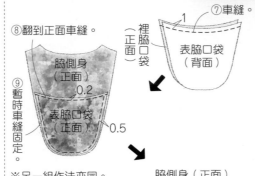

⑦車縫。
1
裡脇口袋（正面）
表脇口袋（背面）

↓

⑩表本體&脇側身正面相疊車縫。
脇側身（正面）
脇側身（背面）
表本體（背面）
1

※另一側作法亦同。

2. 製作裡本體

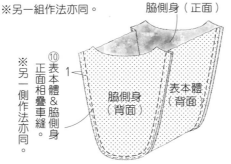

裡本體（正面）
②燙開縫份。
裡本體（背面）
①車縫。
返口 18cm
1

③對齊脇邊線&底中心車縫。
裡本體（背面）
裡本體（正面）
1

※另一側作法亦同。

3. 套疊表本體&裡本體

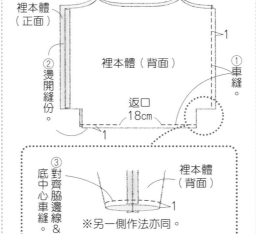

※其他3處作法亦同。
③燙開縫份。
開口止點
裡本體（背面）
0.2
0.2
④車縫。
表本體（背面）

裡本體（背面）
②車縫。
開口止點
脇側身（背面）
開口止點
表本體（背面）
脇側身（背面）
①燙開縫份。
1

1. 製作表本體

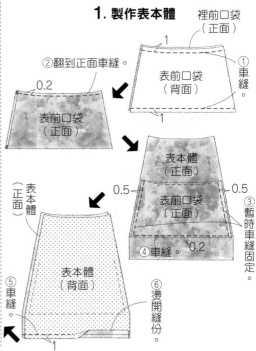

裡前口袋（正面）
②翻到正面車縫。
0.2
表前口袋（正面）
表前口袋（背面）
①車縫。
1

↓

表本體（正面）
0.5
表前口袋（正面）
0.5
③暫時車縫固定。
表本體（正面）
④車縫。
0.2
⑤車縫。
表本體（背面）
⑥燙開縫份。
1

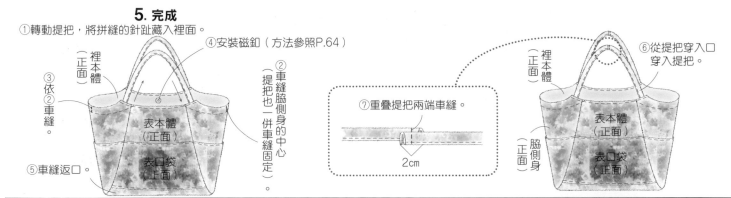

5. 完成

①轉動提把，將拼縫的針趾藏入裡面。

④安裝磁釦（方法參照P.64）

②重縫脇側身的中心（提把也一併車縫固定）。

③依②車縫。

裡本體（正面）

表本體（正面）

⑤車縫返口。

表口袋（正面）

⑥從提把穿入口穿入提把。

裡本體（正面）

脇側身（正面）

表本體（正面）

表口袋（正面）

⑦重疊提把兩端車縫。

2cm

完成尺寸	材料（ ▨…a・ ■…b・ ■…通用 ）		P.34_ No.**42**	
寬40×高25×側身10cm	表布（棉輕帆布）137cm×40cm		**中心點綴織帶的 口袋托特包**	a b
原寸紙型	裡布（棉聚酯輕帆布）147cm×40cm			
無	接著襯（swany soft）92cm×65cm			
	提把織帶 寬2.5cm・3cm 長90cm			
	底板 30cm×10cm			

---

3. 套疊表本體＆裡本體

①車縫。

表本體（正面）

裡本體（背面）

1

※另一組作法亦同。

裡本體（正面）

返口 22cm

裡本體（背面）

④車縫。

③各自正面相疊表本體＆裡本體。

②燙開縫份。

1

⑤燙開縫份。

表本體（背面）

表本體（正面）

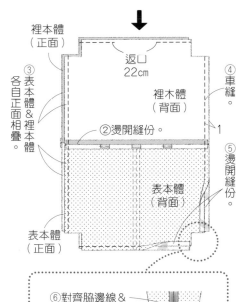

⑥對齊脇邊線＆底中心線車縫。

1

※表本體的另一側＆裡本體作法亦同。

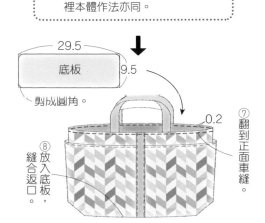

29.5

底板

9.5

剪成圓角。

⑧縫合返口，放入底板。

0.2

⑦翻到正面車縫。

---

2. 製作表本體

對齊中心。

表本體（正面）

②暫時車縫固定。

對齊脇邊。

表口袋（正面）

①固定

暫時車縫

0.5

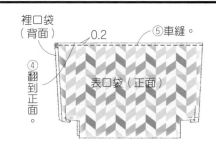

對齊中心。

表本體（正面）

0.2 0.2

表口袋（正面）

織帶

32cm

③車縫。

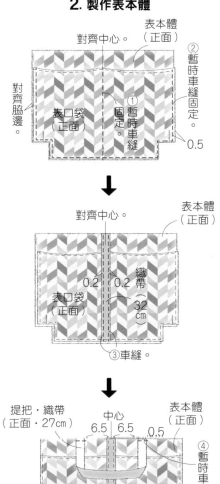

提把・織帶（正面・27cm）

中心

6.5 6.5

0.5

表本體（正面）

④暫時車縫固定。

表口袋（正面）

※另一片也同樣接縫提把。

掃QR Code
看作法影片！

https://youtu.be/pSs-0nGjwvg

裡口袋（背面）

0.2

表口袋（正面）

⑤車縫。

④翻到正面。

裁布圖

※標示尺寸已含縫份。

※ ▭ 處需於背面燙貼接著襯（僅表布）。

表・裡布（正面）

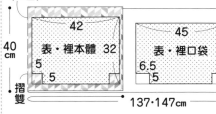

40cm

42

表・裡本體 32

5

5

45

表・裡口袋 29

6.5

5

摺雙

137・147cm

---

1. 製作口袋

左右對稱地製作

另一側

表口袋（正面）

②暫時車縫固定。

0.5

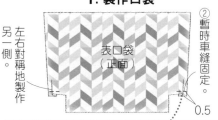

①摺疊褶襇。

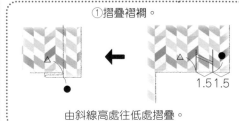

1.5 1.5

由斜線高處往低處摺疊。

※裡口袋作法亦同。

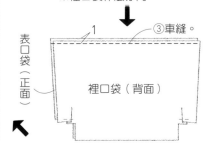

1

③車縫。

裡口袋（背面）

105

完成尺寸
寬42×長45cm
（提把45cm）

原寸紙型
無

材料
表布（棉輕帆布）137cm×60cm
配布（棉麻輕帆布）110cm×30cm
裡布（棉聚酯密織平紋布）147cm×50cm

P.35_ No.43
束口肩背包

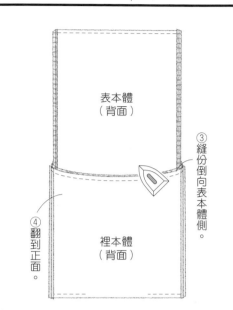

表本體（背面）
③縫份倒向表本體側。
④翻到正面。
裡本體（背面）

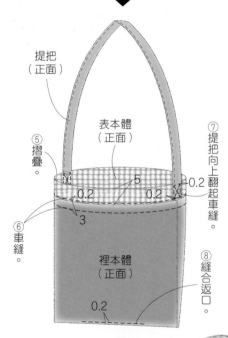

提把（正面）
⑤摺疊
表本體（正面）
⑦提把向上翻起車縫。
5
0.2
0.2
⑥車縫。
3
裡本體（正面）
⑧縫合返口。
0.2

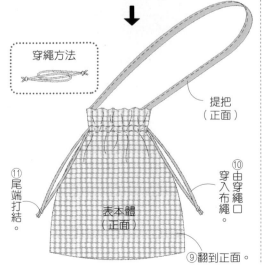

穿繩方法
提把（正面）
⑪尾端打結
⑩由穿入裡布繩穿入布繩穿繩口
表本體（正面）
⑨翻到正面。

2. 製作表本體&裡本體

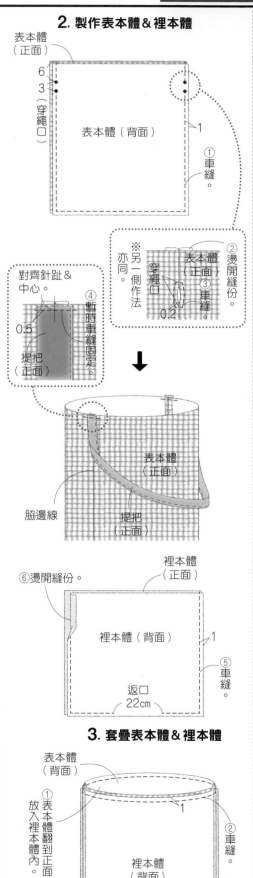

表本體（背面）
6
3
（穿繩口）
①車縫。
1

對齊針趾&中心。
0.5
提把（正面）
④暫時車縫固定。

※另一側作法亦同。
穿繩口
表本體（正面）
②燙開縫份。
③車縫。
0.2

脇邊線
表本體（正面）
提把（正面）

⑥燙開縫份。
裡本體（正面）
裡本體（背面）
1
返口22cm
⑤車縫。

3. 套疊表本體&裡本體

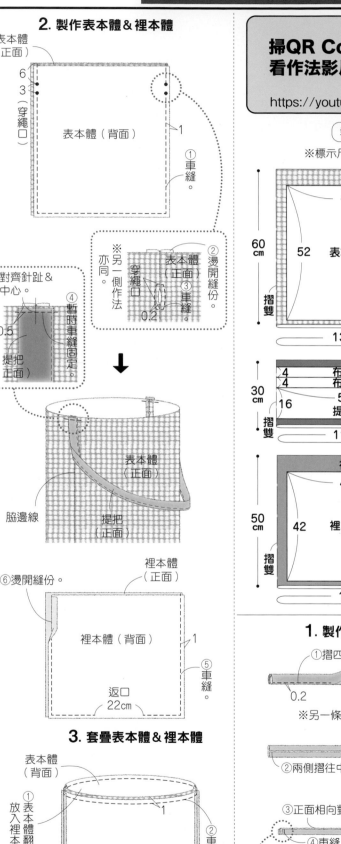

表本體（背面）
①表本體翻到正面，放入裡本體內。
裡本體（背面）
②車縫。
1

掃QR Code 看作法影片！
https://youtu.be/vArhT_PtIQ4

（裁布圖）
※標示尺寸已含縫份。

表布（正面）
44
60cm
52 表本體
摺雙
137cm

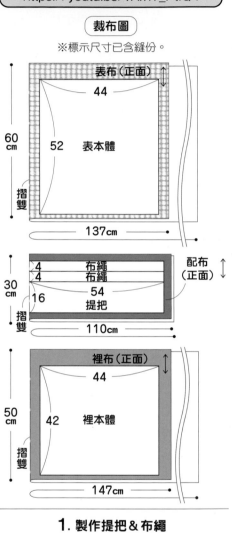

配布（正面）
4 布繩
4 布繩
30cm
54
16 提把
摺雙
110cm

裡布（正面）
44
50cm
42 裡本體
摺雙
147cm

1. 製作提把&布繩

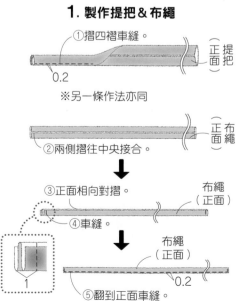

①摺四褶車縫。
0.2
提把（正面）
※另一條作法亦同

②兩側摺往中央接合。
布繩（正面）

③正面相向對摺。
布繩（正面）
④車縫。

1
布繩（正面）
0.2
⑤翻到正面車縫。
※另一條作法亦同

完成尺寸
寬17.5×長13cm

原寸紙型
A面

材料
疊緣 約寬8cm 長170cm（若需對接花色，布料要多備一些）
裡布（棉布）20cm×30cm／羅紋緞帶 寬26mm 長10cm
手帳用口金（寬17.5cm 高13cm）1個／單圈 直徑8mm 1個
繩夾（半圓型20mm）1個／強力雙面膠帶

---

5. 安裝口金

※為方便理解，下圖展示的是口金兩邊同時作業，但建議製作時兩邊口金要分開安裝，防止白膠乾掉。

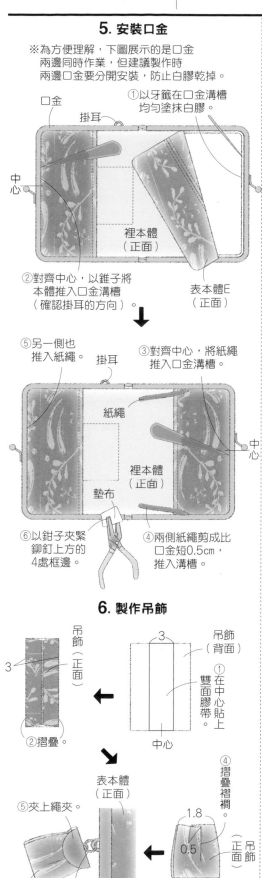

口金
掛耳
中心
①以牙籤在口金溝槽均勻塗抹白膠。
裡本體（正面）
②對齊中心，以錐子將本體推入口金溝槽（確認掛耳的方向）。
表本體E（正面）

⑤另一側也推入紙繩。
掛耳
③對齊中心，將紙繩推入口金溝槽。
紙繩
裡本體（正面）
中心
墊布
⑥以鉗子夾緊鉚釘上方的4處框邊。
④兩側紙繩剪成比口金短0.5cm，推入溝槽。

6. 製作吊飾

吊飾（正面）
3
3
吊飾（背面）
中心
①在中心貼上雙面膠帶。
②摺疊。

表本體（正面）
⑤夾上繩夾。
吊飾（正面）
⑥以單圈扣接在掛耳上。
④摺疊褶襇。
1.8
0.5
吊飾（正面）
③對摺。

裁布圖

裡布（正面）

裡本體

30 cm

20cm

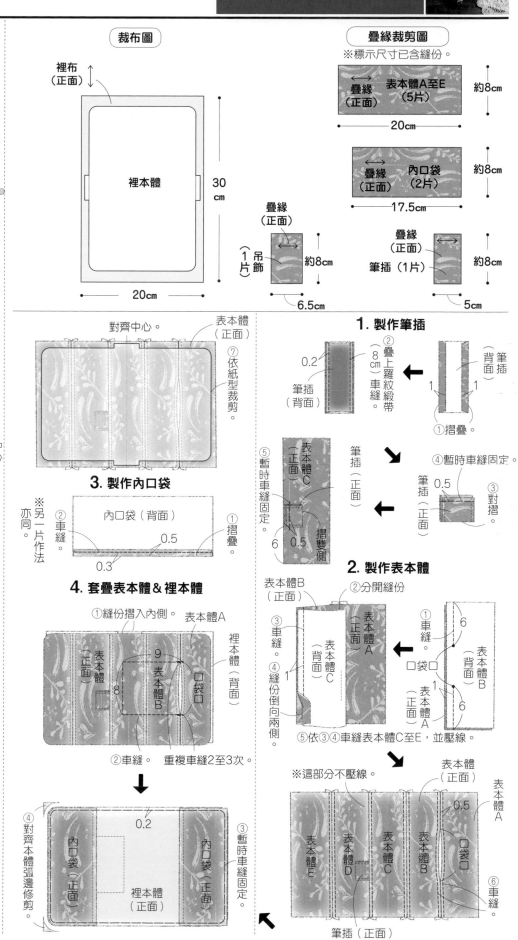

對齊中心。
表本體（正面）
⑦依紙型裁剪。

3. 製作內口袋

※另一片作法亦同。
②車縫
內口袋（背面）
0.5
①摺疊
0.3

4. 套疊表本體＆裡本體

①縫份摺入內側。
表本體A
裡本體（背面）
表本體
表本體B
9
8
袋口
②車縫。　重複車縫2至3次。

④對齊本體弧邊修剪。
內口袋（正面）
0.2
內口袋（正面）
裡本體（正面）
③暫時車縫固定。

疊緣裁剪圖
※標示尺寸已含縫份。

疊緣（正面）　表本體A至E（5片）　約8cm
20cm

疊緣（正面）　內口袋（2片）　約8cm
17.5cm

疊緣（正面）
吊飾（1片）　約8cm
6.5cm

疊緣（正面）
筆插（1片）　約8cm
5cm

1. 製作筆插

0.2
筆插（背面）
筆插（背面）
1　1
①摺疊
②疊上羅紋緞帶（8cm）車縫。
④暫時車縫固定
筆插（正面）
0.5
③對摺
⑤暫時車縫固定
表本體C（正面）
筆插（正面）
6　0.5
摺雙側

2. 製作表本體

表本體B（正面）
②分開縫份
③車縫。
④縫份倒向兩側。
表本體C（背面）
表本體A（正面）
①車縫。
6
口袋口
表本體C（正面）
表本體A（正面）
表本體B（背面）
1
6
⑤依③④車縫表本體C至E，並壓線。

※這部分不壓線。
表本體（正面）
0.5
表本體A
表本體E
表本體D
表本體C
表本體B
袋口
⑥車縫。
③暫時車縫固定。
筆插（正面）

完成尺寸

寬24×高30×側身13cm
（提把30.5cm）

原寸紙型

C面

材料

表布（8號帆布）112cm×45cm
配布A（蘇格蘭格紋8號帆布）60cm×35cm
配布B（真皮）45cm×10cm／**四合釦** 15mm 1組
雙面固定釦（面徑 9mm 腳長7mm）4組
羅紋布條 寬2cm 長350cm
※注意，這是用於包捲縫份的布條，而非羅紋緞帶。

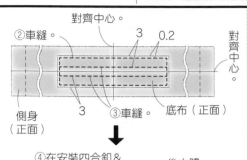

②車縫。
對齊中心。
3
0.2
對齊中心。
側身（正面）
3
③車縫。
底布（正面）

↓

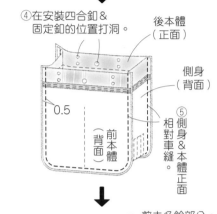

④在安裝四合釦＆固定釦的位置打洞。
後本體（正面）
側身（背面）
0.5
前本體（背面）
⑤側身＆本體相對車縫。
側身＆本體正面相對

↓

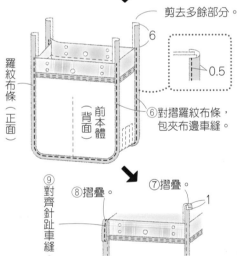

剪去多餘部分。
6
0.5
羅紋布條（正面）
前本體（背面）
⑥對摺羅紋布條，包夾布邊車縫。

↓

⑨對齊針趾車縫。
⑧摺疊。
⑦摺疊。
1
前本體（背面）
※另一側也同樣摺疊車縫。

↓

四合釦安裝方法
https://www.boutique-sha.co.jp/cf_kanagu/

↓

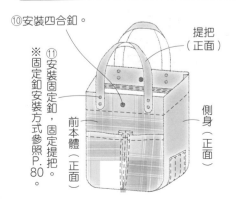

⑩安裝四合釦。
提把（正面）
※固定釦安裝方式參照P.80。
⑪安裝固定釦，固定提把。
前本體（正面）
側身（正面）

---

3. 縫上外口袋

由斜線高處往低處摺疊。

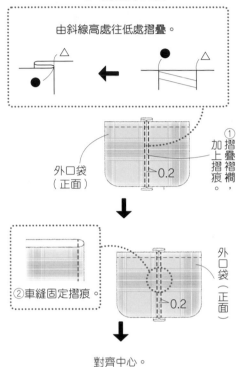

①摺疊褶襉，加上摺痕。
外口袋（正面）
0.2

②車縫固定摺痕。

外口袋（正面）
0.2

↓

對齊中心。
前本體（正面）
外口袋
③疊上外口袋車縫。

↓

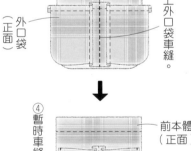

④暫時車縫固定。
前本體（正面）
外口袋（正面）
0.3
中心

4. 縫上內口袋

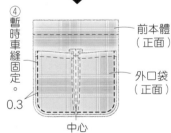

①暫時車縫固定。
0.3
內口袋（正面）
後本體（背面）

5. 接縫側身

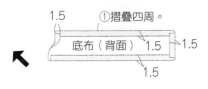

①摺疊四周。
1.5
底布（背面）
1.5
1.5
1.5

裁布圖

※側身、底布無原寸紙型，請依標示尺寸（已含縫份）直接裁剪。

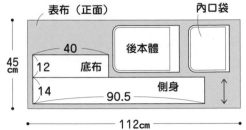

表布（正面）
內口袋
45cm
40
後本體
12 底布
14 側身
90.5
112cm

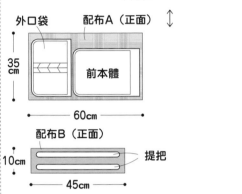

外口袋
配布A（正面）
35cm
前本體
60cm

配布B（正面）
10cm
提把
45cm

---

1. 製作前本體、後本體、側身

①摺疊。
5
前本體（背面）

↓

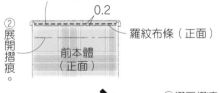

③對摺羅紋布條，包夾布邊車縫。
0.2
②展開摺痕。
羅紋布條（正面）
前本體（正面）

↓

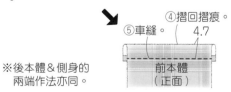

④摺回摺痕。
⑤車縫。
4.7
前本體（正面）

※後本體＆側身的兩端作法亦同。

2. 製作口袋

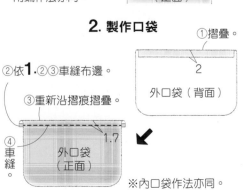

①摺疊。
2
外口袋（背面）

②依1.②③車縫布邊。
③重新沿摺痕摺疊。
④車縫。
1.7
外口袋（正面）

※內口袋作法亦同。

108

完成尺寸	材料（■…S・■…M・■…L・■…通用）
直徑16×高20cm 直徑22×高25cm 直徑26×高33cm	**表布**（上棉8號帆布）96cm×40cm・85cm×55cm・96cm×70cm （若需對接花色，布料要多備一些） **裡布**（尼龍牛津布）80cm×25cm・80cm×60cm・90cm×70cm **接著襯**（厚）80cm×20cm・65cm×50cm・90cm×60cm **四摺包邊斜布條** 寬10mm 長65cm・85cm・95cm

原寸紙型
D面

⑤對摺提把，裡本體放入表本體內。

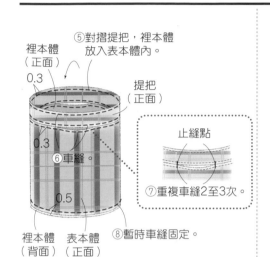

裡本體（正面）
0.3
提把（正面）
0.3
⑥車縫。
0.5
裡本體（背面）　表本體（正面）
⑧暫時車縫固定。

止縫點
⑦重複車縫2至3次。

1. 接縫提把

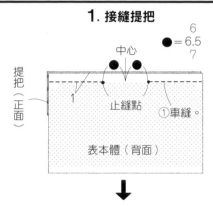

● = 6.5 / 7 (6 / 7)
中心
止縫點
①車縫。
提把（正面）
1
表本體（背面）

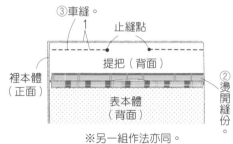

③車縫。
止縫點
1
提把（背面）
裡本體（正面）
②燙開縫份。
表本體（背面）

※另一組作法亦同。

2. 車縫脇邊線

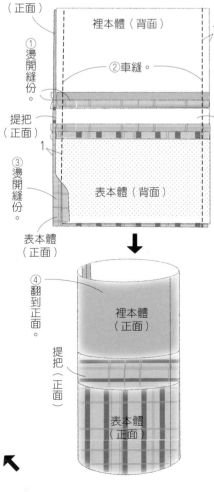

裡本體（正面）
裡本體（背面）
1
①燙開縫份。
②車縫。
提把（正面）
提把（背面）
1
③燙開縫份。
表本體（背面）
表本體（正面）

④翻到正面。
裡本體（正面）
提把（正面）
表本體（正面）

3. 接縫底部

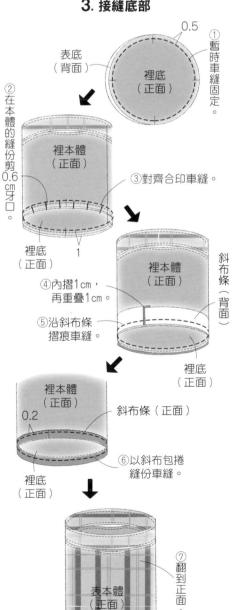

0.5
①暫時車縫固定。
表底（背面）
裡底（正面）
②在本體的縫份剪0.6cm牙口。
裡本體（正面）
③對齊合印車縫。
裡底（正面）
1
裡本體（正面）
斜布條（背面）
④內摺1cm，再重疊1cm。
⑤沿斜布條摺痕車縫。
裡底（正面）
裡本體（正面）
0.2
斜布條（正面）
⑥以斜布包捲縫份車縫。
裡底（正面）
⑦翻到正面。
表本體（正面）

裁布圖

※除了表・裡底之外皆無原寸紙型，請依標示尺寸（已含縫份）直接裁剪。
※■…S・■…M・■…L・■…通用
※▨處需於背面燙貼接著襯。
※ I 處需加上合印。

表本體的接著襯燙貼位置
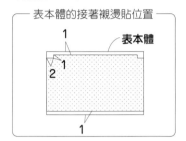
1
表本體
1
2
1

【S】
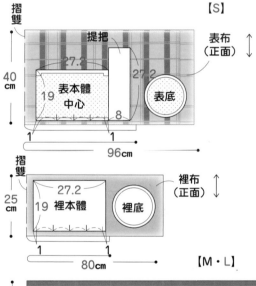
摺雙
40cm
提把
27.2
27.2
19 表本體 中心
8
表底
表布（正面）
1　1
96cm

摺雙
25cm
27.2
19 裡本體
裡底
裡布（正面）
1　1
80cm

【M・L】
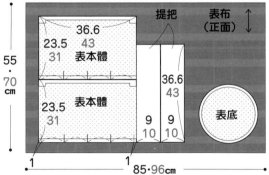
55・70cm
提把
36.6
23.5　43
31 表本體
36.6
43
23.5　43
31 表本體
9　9
10　10
表底
表布（正面）
1　1
85・96cm

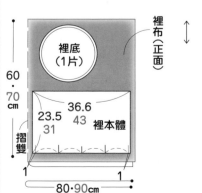
60・70cm
裡底（1片）
36.6
23.5　43
31 裡本體
裡布（正面）
摺雙
1
80・90cm

完成尺寸
直徑30×高30cm
（提把54cm）

原寸紙型
D面

材料
表布（棉牛津布）110cm×60cm
裡布（棉牛津布）100cm×40cm
接著襯（中薄）90cm×50cm
圓繩 粗5mm 長180cm／**繩釦** 4個

裁布圖

※除了表·裡底之外皆無原寸紙型，
　請依標示尺寸（已含縫份）直接裁剪。
※▨▨處需於背面燙貼接著襯。

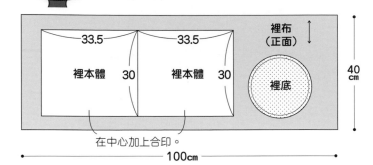

裡布（正面）↑

33.5	33.5
裡本體 30	裡本體 30

裡底

40cm

在中心加上合印。

100cm

表布（正面）↑

| 提把 | 10 |
| 提把 | 10 |

表底

33.5	33.5
表本體 30	表本體 30
31	
口布	6
口布	6

60cm

在中心加上合印。

100cm

---

4. 套疊表本體＆裡本體

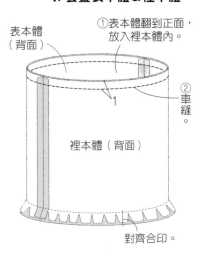

①表本體翻到正面，
　放入裡本體內。

表本體（背面）

裡本體（背面）

②車縫。

1

對齊合印。

穿繩方法

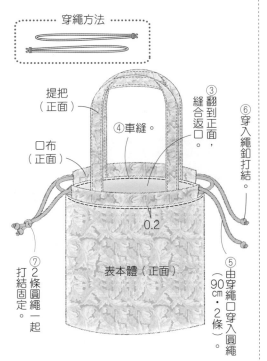

提把（正面）

口布（正面）

③翻縫到正面返口。

④車縫。

0.2

⑤由穿繩口穿入圓繩90cm·2條。

⑥穿入繩釦打結。

⑦2條圓繩一起打結固定。

表本體（正面）

---

2. 製作表本體

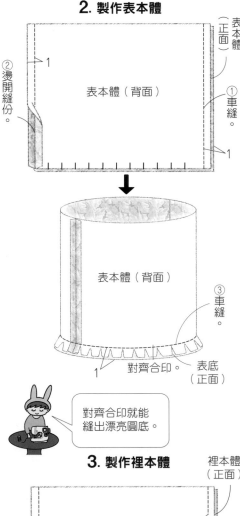

②燙開縫份。

表本體（正面）

①車縫。

表本體（背面）

1

1

1

③車縫。

表本體（背面）

對齊合印。

表底（正面）

1

對齊合印就能縫出漂亮圓底。

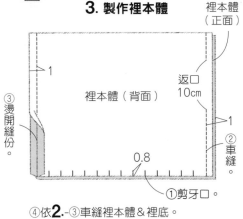

3. 製作裡本體

③燙開縫份。

裡本體（正面）

1

裡本體（背面）

返口10cm

1

②車縫。

0.8

①剪牙口。

④依**2.**-③車縫裡本體＆裡底。

掃QR Code 看作法影片！
https://youtu.be/zzR9hXtJi40

1. 製作提把、口布

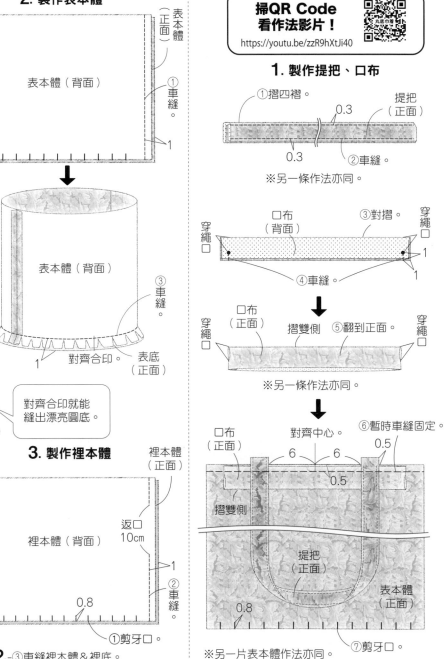

①摺四褶。

提把（正面）

0.3

0.3

②車縫。

※另一條作法亦同。

口布（背面）

③對摺。

穿繩口

穿繩口

1

1

④車縫。

口布（正面）

摺雙側

⑤翻到正面。

穿繩口

穿繩口

※另一條作法亦同。

口布（正面）

對齊中心。

6　6

⑥暫時車縫固定。

0.5

0.5

摺雙側

提把（正面）

表本體（正面）

0.8

⑦剪牙口。

※另一片表本體作法亦同。

完成尺寸
寬23×長16.5cm

原寸紙型
無

材料
表布A（棉牛津布）30cm×45cm
表布B（棉牛津布）30cm×35cm
裡布A（平織布）30cm×45cm
裡布B（平織布）30cm×35cm／**接著襯**（中薄）55cm×45cm
圓形魔鬼氈（燙貼型）直徑22mm 2組

P.39_ No.**47**
雙袋波奇包

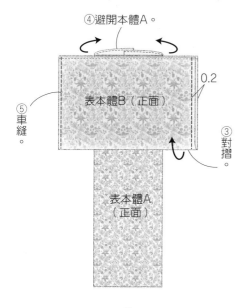

④避開本體A。

表本體B（正面）

0.2

⑤車縫。

③對摺。

表本體A（正面）

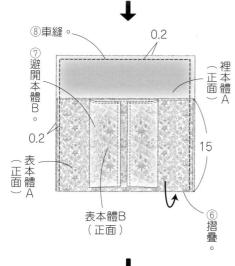

⑧車縫。
0.2

⑦避開本體B。

0.2

裡本體A（正面）

表本體A（正面）

表本體B（正面）

15

⑥摺疊。

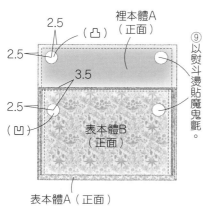

2.5　裡本體A（正面）　（凸）

2.5
3.5

2.5　（凹）

表本體B（正面）

⑨以熨斗燙貼魔鬼氈。

表本體A（正面）

熨斗燙貼OK的魔鬼氈不需車縫，真方便☆

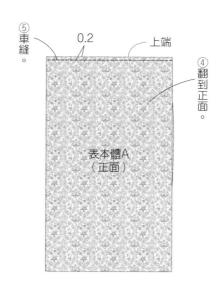

⑤車縫。　0.2　上端

④翻到正面。

表本體A（正面）

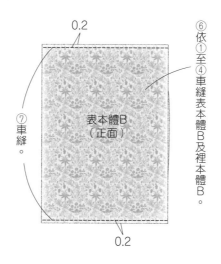

0.2

⑦車縫。

表本體B（正面）

⑥依①至④車縫表本體B及裡本體B。

0.2

2. 套疊表本體&裡本體

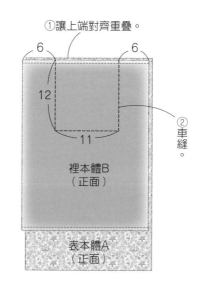

①讓上端對齊重疊。

6　　6

12

11

裡本體B（正面）

②車縫。

表本體A（正面）

掃QR Code
看作法影片！
https://youtu.be/A-UUvXibLH4

裁布圖

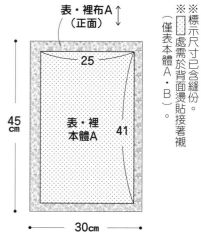

表・裡布A↑（正面）

25

45cm

表・裡本體A　41

30cm

※標示尺寸已含縫份。

※□處需於背面燙貼接著襯（僅表本體A・B）。

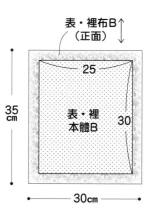

表・裡布B↑（正面）

25

35cm

表・裡本體B　30

30cm

---

1. 製作本體A・B

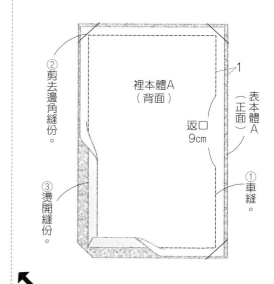

②剪去邊角縫份。

裡本體A（背面）

1

表本體A（正面）

返口9cm

③燙開縫份。

①車縫。

111

完成尺寸	材料
胸圍：126.5cm	表布（聚酯羊毛）145cm×185cm
全長：104cm	接著襯（薄）30cm×20cm

開襟衫

原寸紙型
D面

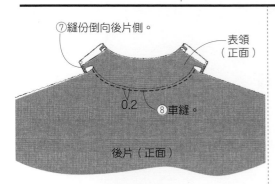

⑦縫份倒向後片側。

表領（正面）

0.2 ⑧車縫。

後片（正面）

3. 車縫肩線

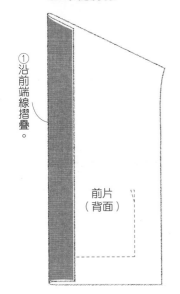

①沿前端線摺疊。

前片（背面）

②在前端夾入後片。

裡領（正面）

④兩片一起拷克。

③車縫。

前片（正面）

前端線

前片（正面）

後片（背面）

1

前片（正面）

※另一側作法亦同。

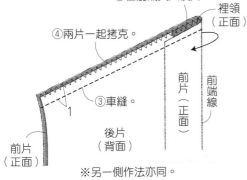

⑤翻到正面。

前片（背面）

前片（背面）

前片（背面）

⑥縫份倒向前片側。

後片（背面）

裡領（正面）

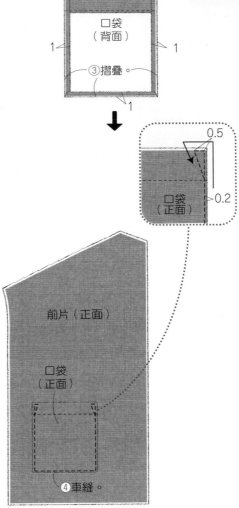

口袋（背面）

1   1

③摺疊。

1

0.5

0.2

口袋（正面）

口袋（正面）

前片（正面）

口袋（正面）

④車縫。

※另一側作法亦同。

2. 接縫領子

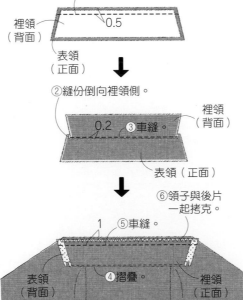

①車縫。

裡領（背面）

0.5

表領（正面）

②縫份倒向裡領側。

裡領（背面）

0.2 ③車縫。

表領（正面）

⑥領子與後片一起拷克。

1   ⑤車縫。

表領（背面）   ④摺疊。   裡領（正面）

後片（正面）

裁布圖

※ 處需於背面燙貼接著襯。

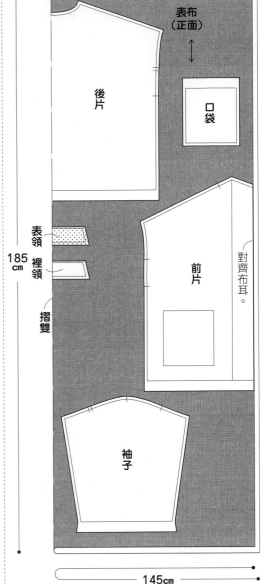

表布（正面）

後片

口袋

185cm

表領

裡領

前片

對齊布耳。

摺雙

袖子

145cm

1. 縫上口袋

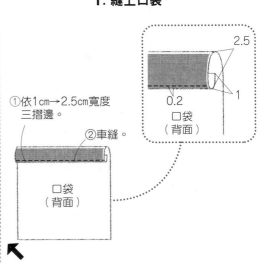

①依1cm→2.5cm寬度三摺邊。

②車縫。

口袋（背面）

2.5

0.2

1

口袋（背面）

7. 車縫下襬

前片（正面）
後片（正面）
前端線
3.5
①從前端線摺向正面側車縫。
※另一側作法亦同。

後片（背面）
前片（背面）
③依1cm→2.5cm寬度三摺邊。
0.2
④車縫。
②翻到正面。

（背面）
0.2　2.5　1

8. 固定貼邊

0.5

後片（正面）
前片（背面）

①與口袋的壓線重疊，車縫至貼邊。

前片（背面）

※另一側作法亦同。

4. 車縫袖子

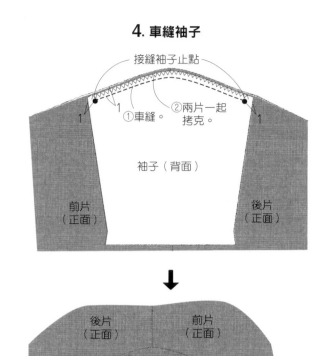

接縫袖子止點
1
①車縫。
②兩片一起拷克。
1
袖子（背面）
前片（正面）
後片（正面）

後片（正面）
前片（正面）
袖子（正面）
③縫份倒向袖側。

※另一側作法亦同。

5. 車縫袖下～脇邊線

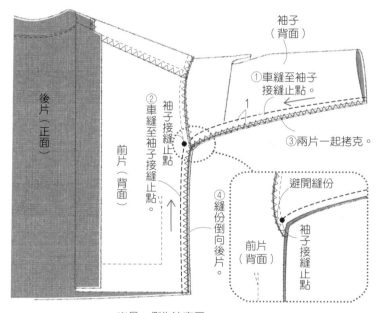

袖子（背面）
①車縫至袖子接縫止點。
1
③兩片一起拷克。
後片（正面）
②車縫至袖子接縫止點。
袖子接縫止點
前片（背面）
④縫份倒向後片。
袖子接縫止點

避開縫份
前片（背面）
袖子接縫止點

※另一側作法亦同。

6. 車縫袖口

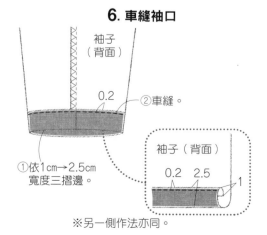

袖子（背面）
0.2
②車縫。
①依1cm→2.5cm寬度三摺邊。

袖子（背面）
0.2　2.5　1

※另一側作法亦同。

雅書堂　　　　　搜尋

www.elegantbooks.com.tw

Cotton friend 手作誌
Autumn Edition
2023 vol.62

秋日的愜意時光，一針一線來手作
以英倫格紋×圖案花布×幾何圓點創造布作新樂趣

授權	BOUTIQUE-SHA
譯者	周欣芃 ・ 瞿中蓮
社長	詹慶和
執行編輯	陳姿伶
編輯	劉蕙寧・黃璟安・詹凱雲
美術編輯	陳麗娜・周盈汝・韓欣恬
內頁排版	陳麗娜・造極彩色印刷
出版者	雅書堂文化事業有限公司
發行者	雅書堂文化事業有限公司
郵政劃撥帳號	18225950
郵政劃撥戶名	雅書堂文化事業有限公司
地址	新北市板橋區板新路 206 號 3 樓
網址	www.elegantbooks.com.tw
電子郵件	elegant.books@msa.hinet.net
電話	(02)8952-4078
傳真	(02)8952-4084

2023 年 10 月初版一刷　定價／ 420 元

經銷／易可數位行銷股份有限公司

地址／新北市新店區寶橋路 235 巷 6 弄 3 號 5 樓

電話／ (02)8911-0825

傳真／ (02)8911-0801

國家圖書館出版品預行編目 (CIP) 資料

秋日的愜意時光，一針一線來手作 / BOUTIQUE-SHA 授
權；周欣芃，瞿中蓮譯 . -- 初版 . -- 新北市：雅書堂文化
事業有限公司 , 2023.10
　　面；　公分 . -- (Cotton friend 手作誌；62)
ISBN 978-986-302-692-1(平裝)

1.CST: 手工藝

426.7　　　　　　　　　　　　　112016887

STAFF	日文原書製作團隊
編輯長	根本さやか
編集人員	渡辺千帆里　川島順子　濱口亜沙子
編輯協力	浅沼かおり
攝影	回里純子　腰塚良彦　藤田律子
造型	西森 萌
妝髮	タニジュンコ
視覺＆排版	みうらしゅう子　松本真由美　牧 陽子　和田充美
繪圖	並木愛　爲季法子　三島惠子　高田翔子　諸橋雅子
	星野喜久代　松尾容巳子　宮路睦子
紙型製作	山科文子
校對	澤井清絵